化学の要点
シリーズ
23

超分子化学

日本化学会 [編]
木原伸浩 [著]

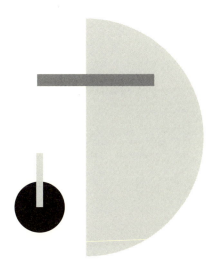

共立出版

『化学の要点シリーズ』編集委員会

編集委員長	井上晴夫	首都大学東京 人工光合成研究センター長・特任教授
編集委員 (50音順)	池田富樹	中央大学 研究開発機構　教授 中国科学院理化技術研究所　教授
	伊藤　攻	東北大学名誉教授
	岩澤康裕	電気通信大学 燃料電池イノベーション研究センター長・特任教授 東京大学名誉教授
	上村大輔	神奈川大学特別招聘教授 名古屋大学名誉教授
	佐々木政子	東海大学名誉教授
	高木克彦	有機系太陽電池技術研究組合（RATO）理事 名古屋大学名誉教授
	西原　寛	東京大学理学系研究科　教授
本書担当編集委員	上村大輔	神奈川大学特別招聘教授 名古屋大学名誉教授

『化学の要点シリーズ』
発刊に際して

現在，我が国の大学教育は大きな節目を迎えている．近年の少子化傾向，大学進学率の上昇と連動して，各大学で学生の学力スペクトルが以前に比較して，大きく拡大していることが実感されている．これまでの「化学を専門とする学部学生」を対象にした大学教育の実態も大きく変貌しつつある．自主的な勉学を前提とし「背中を見せる」教育のみに依拠する時代は終焉しつつある．一方で，インターネット等の情報検索手段の普及により，比較的安易に学修すべき内容の一部を入手することが可能でありながらも，その実態は断片的，表層的な理解にとどまってしまい，本人の資質を十分に開花させるきっかけにはなりにくい事例が多くみられる．このような状況で，「適切な教科書」，適切な内容と適切な分量の「読み通せる教科書」が実は渇望されている．学修の志を立て，学問体系のひとつひとつを反芻しながら咀嚼し学術の基礎体力を形成する過程で，教科書の果たす役割はきわめて大きい．

例えば，それまでは部分的に理解が困難であった概念なども適切な教科書に出会うことによって，目から鱗が落ちるがごとく，急速に全体像を把握することが可能になることが多い．化学教科の中にあるそのような，多くの「要点」を発見，理解することを目的とするのが，本シリーズである．大学教育の現状を踏まえて，「化学を将来専門とする学部学生」を対象に学部教育と大学院教育の連結を踏まえ，徹底的な基礎概念の修得を目指した新しい『化学の要点シリーズ』を刊行する．なお，ここで言う「要点」とは，化学の中で最も重要な概念を指すというよりも，上述のような学修する際の「要点」を意味している．

本シリーズの特徴を下記に示す.

1) 科目ごとに，修得のポイントとなる重要な項目・概念などをわかりやすく記述する.

2)「要点」を網羅するのではなく，理解に焦点を当てた記述をする.

3)「内容は高く」，「表現はできるだけやさしく」をモットーとする.

4) 高校で必ずしも数式の取り扱いが得意ではなかった学生にも，基本概念の修得が可能となるよう，数式をできるだけ使用せずに解説する.

5) 理解を補う「専門用語，具体例，関連する最先端の研究事例」などをコラムで解説し，第一線の研究者群が執筆にあたる.

6) 視覚的に理解しやすい図，イラストなどをなるべく多く挿入する.

本シリーズが，読者にとって有意義な教科書となることを期待している.

『化学の要点シリーズ』編集委員会
井上晴夫（委員長）
池田富樹　伊藤　攻　岩澤康裕　上村大輔
佐々木政子　高木克彦　西原　寛

はじめに

　超人のスーパーマン（superman）は人間（man）を超える特殊能力（空を飛ぶとか）をもっている．一方，超分子は supramolecule であって，決して supermolecule ではない．超分子は，その集合状態によって単独の分子では実現できない高度な，しかし，決して特殊ではない機能を発揮する．超分子化学のお手本となる生物は，きわめて高度で多彩な機能をもつ自立した超分子システムである．だとしても，その機能は分子を超えたところ（super）にあるのではなく，分子の向こう側（supra）にあるのだ．超分子化学は，分子の集合状態が何をもたらすかを明らかにすることで，生体にしかできないと思われてきた機能を実現しつつある．

　本書では，第1章で超分子とはどのようなものかについて述べたあと，第2章では，分子が集合状態をとるための分子間相互作用について，その由来と特徴を述べる．第3〜5章では，これらの分子間相互作用を利用した超分子形成について述べる．そのなかで，能動輸送，鋳型効果，事前組織化，エントロピー効果，ミセル，脂質二重膜，反応場，相補性，多点認識，自己複製といった，超分子によって実現される機能や超分子形成の特徴について述べる．第6章ではアロステリック効果と集積錯体を中心に，多数の分子が協調したときに現れる作用について述べる．第7章で述べるインターロックト分子は，いまだ謎に包まれた生体機能である分子モーターを理解するための枠組みとして期待されている．

　超分子化学のお手本は生体であるものの，生体は進化の過程で手を伸ばすことのできた範囲の分子しか利用することができない．それに対して私たちはどのような分子でも利用することができる．実

際，本書に登場する分子のほとんどは非天然の人工的な化合物であり，それによってさまざまな超分子がつくられてきている．そのようにしてつくられた超分子は生体の機能の一部を実現している．また，生体には見られないような機能を実現する超分子もある．

では，私たちが超分子化学によって生物を超えたのかといえば，もちろんそのようなことはない．人工化合物では実現されていない生体機能は多い．人工的に実現された生体機能でも，そのレベルは生物が実現しているレベルにはるかに及ばないことが多い．それでも，超分子化学の進歩により，私たちは生体機能をより深く理解できるようになり，また，人工超分子化合物やそれを形成するようなシステムは，（気づかれないうちに）私たちの生活の中に入り込み，現代社会の基盤となりつつある．

20世紀は有機化学が著しく発展した時代で，それを背景に超分子化学が生まれてきた．21世紀になりその流れは加速しつつある．生物は今後も超分子化学のお手本となり続けるであろうが，超分子化学の一部は生物とは無関係に発展し続けている．生物からさまざまなことを学びながら，超分子化学が有機化学や無機化学を巻き込んで発展し続けることで，生体機能がより深く理解できたり，生体機能が人工化合物で実現できたりするようになるだけでなく，これまでには想像もできなかったような機能をもつ分子システムが実現されていくであろう．本書はそのスタートラインである．

2017年10月

木 原 伸 浩

目　　次

第 1 章　超分子とはなにか ……………………………………1

1.1　有機化学と超分子化学 …………………………………1
1.2　物質の階層と超分子 ……………………………………3

第 2 章　分子間相互作用 ……………………………………**7**

2.1　分子の自発的な集合による分子集合体の形成 ……………7
2.2　分子間相互作用 …………………………………………10
2.3　共有結合と配位結合 ……………………………………11
2.4　水素結合 …………………………………………………13
2.5　電荷移動（CT）相互作用 ………………………………17
2.6　静電相互作用 ……………………………………………23
2.7　双極子の相互作用 ………………………………………24
2.8　疎水相互作用 ……………………………………………28

第 3 章　クラウンエーテル ………………………………**33**

3.1　クラウンエーテルの発見 ………………………………33
3.2　クラウンエーテルの構造と名称 ………………………36
3.3　カチオン認識と選択性 …………………………………36
3.4　アンモニウム塩の認識 …………………………………41
3.5　能動輸送 …………………………………………………43
3.6　鋳型効果 …………………………………………………46
3.7　事前組織化 ………………………………………………48

viii   目　次

3.8　エンタルピー–エントロピー補償則 ……………………………51

第4章　疎水相互作用による分子認識場 ………………**55**

4.1　疎水ポケット ……………………………………………………55
4.2　シクロデキストリン …………………………………………57
4.3　シクロファン …………………………………………………60
4.4　カリックスアレーンとレゾルシノアレーン …………62
4.5　ミセル …………………………………………………………65
4.6　LB膜 ……………………………………………………………67
4.7　ベシクル ………………………………………………………69
4.8　触媒作用をもつ分子認識場 ………………………………71
4.9　反応場の形と触媒作用 ……………………………………74

第5章　水素結合による分子認識 ………………………………**77**

5.1　DNA ……………………………………………………………77
5.2　相補的水素結合 ………………………………………………78
5.3　多点水素結合 …………………………………………………82
5.4　水素結合による超構造形成 ………………………………84
5.5　自己複製 ………………………………………………………89

第6章　分子協調作用 …………………………………………………**93**

6.1　分子の協調 ……………………………………………………93
6.2　アロステリック効果 …………………………………………94
6.3　ヘモグロビンのアロステリック効果 …………………96
6.4　人工分子によるアロステリック効果 …………………98
6.5　集積錯体 ………………………………………………………104
6.6　MOF ……………………………………………………………110

6.7 動的共有結合 ……………………………………………… 112

第7章　インターロックト分子 ………………………… **115**

7.1　インターロックト構造 ………………………………… 115
7.2　カテナン ………………………………………………… 116
7.3　ロタキサン ……………………………………………… 118
7.4　ノット …………………………………………………… 121

参考文献 ………………………………………………………… **123**
索　引 …………………………………………………………… **125**

コラム目次

1. 超分子と機能 ………………………………………………… 5
2. フッ化水素の特別な性質 ………………………………… 18
3. Pedersen 物語 ……………………………………………… 34
4. パープルベンゼン ………………………………………… 40
5. Cram と Lehn ……………………………………………… 44
6. 疎水相互作用の温度依存性 ……………………………… 52
7. カリックス …………………………………………………… 64
8. 二重らせん ………………………………………………… 80
9. 部品が勝手に集まって時計を作ることができるか？ ……… 89
10. エントロピーに支配される錯体 ………………………… 108
11. Sauvage と Stoddart …………………………………… 120

第1章

超分子とはなにか

1.1 有機化学と超分子化学

　有機化学は Organic Chemistry の和訳である．Organic とは生物やその器官を意味する言葉で，本来は私たち生物の体をつくる物質を対象とする化学である．それに対して無機化学は，本来は非生物（海水とか石とか）を対象とする化学である．

　19世紀の初めころまでには，私たちの身の周りの物質は大きく2つに分かれていることが認識されていた．ひとつは，加熱すると焦げたり燃えたりする物質で，動植物から取れる．もうひとつは，加熱しても燃えず，液体になったり気体になったりといった変化はしても冷やせば元に戻る水や塩などのような物質で，生きていないものから取れる．もちろん生物には水や塩も含まれるけれども，そういうものを除いて，生物からしか取ることのできない物質を有機物というようになった．生物には何か特別な力（生気）があり，それが有機物を作り上げているのだろうという「理論」である．有機化学は「生気論」とともに誕生したといってもよい．

　「生気論」によれば，生物を焼いた（生気を取り除いた）灰から得られる物質は，たとえ炭素を含んでいても，当然無機物質である．しかし，19世紀の前半，そのような「無機物質」から有機物質がつくられるという「事件」が起こるようになると，有機化学は

「生気論」から離れざるをえなくなった．後にベンゼンの構造を明らかにすることになる Kekuré は，1859 年に「有機化学とは炭素化合物の化学である」と宣言する．それ以来，鉱油（石油など非生物から取れる油）から得られる炭素化合物も有機化学の中に組み込まれ，有機化学が体系化する．現代の学生は有機化学でまず炭化水素を学ぶが，そのほとんどは生物由来ではない．

　しかし，有機化学は一方で「生物の体をつくる物質の化学」であり続けた．あるいは，有機化学は常に「生物は，どのような物質が，どのようにはたらくことで生きているのか」，すなわち，「生気」を問い続けてきた．

　西洋生まれの「科学」の方法論のひとつは還元主義である．還元主義とは，理解不能な対象でも，それをすべての部品に分解し，それぞれの部品の役割が理解されれば全体が理解できるという哲学（信念）である．還元主義に基づき，生物の体をつくる分子は細かく調査されてきた．

　その輝かしいハイライトは，1953 年の DNA（デオキシリボ核酸）の二重らせん構造の発見である．以来，DNA については，分子構造も，そこにどのような遺伝情報が書き込まれているかも，きわめて精密に明らかにされてきた．すべてはそこにあるはずで，還元主義的には生物が理解できてもおかしくない．しかし，残念ながら，DNA の構造をいくら眺めても，私たちの体がその遺伝情報からどのように組み立てられてくるのかはわからない．DNA に書かれた情報は，細胞内のさまざまな分子システムとの関係において，はじめて利用できる．

　生物をつくる分子をいくら調べても，それだけで生物を理解することはできない．有機化学が，分子がつくる集合状態，あるいは分子システム，といったものに目を向けるようになったのは必然であ

る．それも，単なる集合状態ではなく，集合することによって，単独のそれぞれの分子からは予想もされないような性質が現れてくるような，そのような集合状態である．そのような分子の集合状態を超分子（supramolecule）という．

　生体は，生体物質がつくる超分子がさらに集合してできるきわめて複雑なシステムであり，人類がそのすべてを理解するのは遠い先のことになるであろう．しかし，私たちは，さまざまな有機分子について，どのようにすれば分子を集合させられるか，分子が集合するとどのようなことが起こるかについて，すなわち「超分子化学」についてさまざまなことを理解してきた．本書には生物のことは書かれていない．しかし，「超分子化学」は，有機化学の誕生の時からの問に答えるための，最新の，そして基本的なツールなのである．

1.2　物質の階層と超分子

　私たちの身の周りは多様である．そして生物はとくに多様である．さまざまな生物がいるだけでなく，その動きはじつにさまざまである．「動きが多様である」というのは，その生物が個体としてさまざまな動きをする，ということだけではない．心臓が脈打つこと，腸の中で食物が消化されること，細胞が分裂すること，根が水を吸い上げること，などなど，外から見えないだけで，生物はじつに多様な動きをする．この多様性はどこからくるのだろうか．

　私たちの身の周りのものはすべて物質である（図1.1）．物質をつくる素粒子は電子，陽子，中性子の3種類しかなく，きわめて単純である．しかし，素粒子の組合せにはいろいろな可能性があり，安定な（放射能をもたない）ものだけで273種類の原子がつ

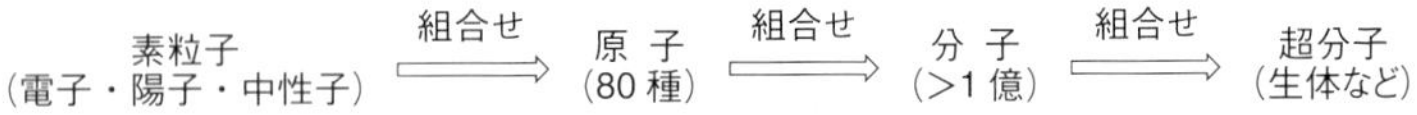

4　第1章　超分子とはなにか

$$
\underset{\text{(電子・陽子・中性子)}}{\text{素粒子}} \xrightarrow{\text{組合せ}} \underset{\text{(80種)}}{\text{原子}} \xrightarrow{\text{組合せ}} \underset{\text{(>1億)}}{\text{分子}} \xrightarrow{\text{組合せ}} \underset{\text{(生体など)}}{\text{超分子}}
$$

図1.1　物質の階層と多様性（複雑性）

くられる．これらの原子のうち陽子の数が同じものは同じ化学的性質を示すので，まとめて元素とよばれる．世界は80種類の元素とさらに10種類ほどの放射性元素でできている．だいぶ複雑になったが，これでもまだ単純すぎる．

　これらの元素はたがいに結合して分子をつくる．この世の中にある分子の総数は誰も知らない．この本を執筆している時点で，人類に知られている分子の総数は1億を超えた．しかし，それは構造が明らかになった分子だけのことで，構造不明の分子，微量しか存在しない分子，まだ分析されていない分子，人類の手の届かないところにある分子，の総数は見当もつかない．目がくらむばかりの種類の分子があることは間違いない．

　では，私たちの身の周りの多様性は分子の多様性によって生じているのだろうか．もちろん，それはそのとおりである．たかだか3種類の素粒子や80種類の原子だけでこれだけの多様性は生まれない．しかし，いくら分子の数が多くても，それだけで生物にみられる多様性が生まれるわけではないのだ．

　今ここに蚊がいる．蚊は十分に複雑で，人間に匹敵する多様な活動がその体内で起こっている．さて，蚊を叩いて殺したとしよう．蚊の「多様性」はあっけなく失われる．蚊はもう私たちを煩わせることも子孫を残すこともない．しかし，蚊を叩く前と比べてみると，そこにある分子の種類と総数はまったく変わらない．したがって，蚊の「多様性」をもたらしているのは，蚊をつくっている分子ではないことがわかる．多様性は，その分子が「正しい位置」にい

1.2 物質の階層と超分子　5

るという状態から生じる．蚊を叩くと分子が「正しい位置」にいな
くなり，蚊の多様性（＝命）は失われる．

　分子にとっての「正しい位置」とは，隣にある分子との関係であ
る．分子がそれだけで「多様性」を生み出しているのであれば，隣
にどのような分子がいても構わない．蚊は叩いても生き続けるであ
ろう．蚊を叩くと死んでしまうということは，分子は単独で存在す
るわけではなく，他の分子と協調してはたらいており，分子が正し

コラム 1

超分子と機能

　「原子―分子―超分子」という階層構造は，どういう場合にも明確なわけで
はない．たとえば，ケイ素の原子が互いに結合してケイ素の単結晶をつくる
と半導体という化学的性質が発現する．ケイ素の単結晶は分子ではないが，
ケイ素の原子が集合することによって現れる性質は，集まっているケイ素の
原子の数によって大きく変化するので，まるで分子のようである．ケイ素の
単結晶にリンやアルミニウムといった元素をごく微量入れると，半導体の性
質は大きく変化し，n型半導体とかp型半導体といわれるものに変化する．
それらを組み合わせることによってトランジスタがつくられる．これは，分
子が集合して超分子になるようなものであるが，やはりここでも分子は登場
しない．化学的機能に「分子」は必須ではないのである．

　しかし逆に，分子を組み合わせてトランジスタのような機能を実現するこ
ともできる．ケイ素原子を集合させて半導体としての性質を出すためには，
ケイ素の原子を数千個集める必要があるのに対して，分子の場合であるな
ら，場合によっては分子1個だけでトランジスタの中核部をつくることも
可能である．そのため，分子でトランジスタをつくれば，半導体のサイズを
劇的に小さくし，回路を動かすのに必要な電力を大幅に削減できるのではな
いかと期待されている．

くはたらくためには，分子の間の関係が重要であることを示している．すなわち，生物に見られる多様性（＝命）は，分子の集合状態によって生まれている．集合状態を取ることによって，分子は分子そのものだけでは実現できないさまざまなはたらきが可能となる．

「超分子」とは，いくつかの分子がある特定の集合状態を取ることで，分子単独では実現不可能な機能をもつようになった状態をさす．生体（たとえば蚊）は典型的な超分子であるが，あまりに複雑すぎて，「化学」の言葉では（まだ）取り扱えない．超分子の化学とは，生体のはたらきを人工的に実現しようという企てであるということもできる．本書では，「簡単な」超分子を取り扱いながら，超分子がどのように構築され，どのように機能するのか，議論していくこととしよう．

第2章

分子間相互作用

2.1　分子の自発的な集合による分子集合体の形成

　ある種の細菌は，べん毛とよばれるらせん状の長い「しっぽ」を有する．べん毛をスクリューとして回転させると強力な推進力を得ることができる．べん毛は単に細菌の細胞壁に付いているのではなく，回転するために，その基部にモーターとよばれる機構を備え付けている．つまり，べん毛はモーターとスクリューが一体になったような器官なのである．船にエンジンとスクリューを取り付ければ推進力が得られるように，べん毛をもつ細菌は水中を高速に移動して食物に到達することができる．べん毛は自然が作り上げた最も精巧な道具のひとつである．

　しかし，べん毛は船のスクリューのような頑丈な「構造体」ではない．べん毛は 10 µm 以上の長さをもつが，それをつくるのは，1つが10 nm程度の大きさしかないタンパク質である．べん毛は約40種類のタンパク質が全部で2万個以上集合してできている．これだけの数のタンパク質の分子が集合することで，べん毛という高度な機能が発揮される．すなわち，べん毛はタンパク質という分子からなる「超分子」であるということができる（図2.1）．

　べん毛をつくるタンパク質は，それぞれ役割が決まっている．一つひとつのタンパク質は機械の部品のようなものである．べん毛本

図 2.1 べん毛の構造
べん毛はタンパク質が集合してできている．

体となるタンパク質，べん毛の基部をつくるタンパク質，回転モーターとしてはたらくタンパク質，べん毛が回転するときの軸受けとなるタンパク質など，適切な位置にあるタンパク質がその役割を果たすことでべん毛が全体として機能を発揮する．べん毛の基部を形成するタンパク質は約30個が円形に並んでべん毛を支える．こうしてできた基部の周りにモータータンパク質が配置され，基部を形成するタンパク質と協働してべん毛を回転させる．べん毛本体をつくるタンパク質は5.5個で1周するように集まって中空の管をつくる．新たなタンパク質がこの管の中を通ってべん毛の先端まで輸送され，べん毛は伸びていく．

　べん毛がべん毛としてはたらくためには，その「部品」となるタンパク質が正しい位置に置かれていなければならない．べん毛の基部が円形でなく歪んでいたら回転することはできない．モーターがきちんとはたらくためには基部とモータータンパク質がきわめて精

密に嵌まっていなければならない．べん毛の中空の壁をつくっているタンパク質は，壁から勝手に抜け出たり，適当に入り込んだりしてはいけない．生物はこのような超分子の形成を当たり前のように行っている．

比較として，人間がべん毛のような機械を作るときのことを考えてみよう．人間は設計図を読んで理解し，正しい部品を手でつまみあげ，脳と目の指令により正しい位置に置き，部品が外れないようにネジで締め上げる．たとえ各部品がきちんと嵌まるような形をしていても，部品を1つのカゴに入れてゆすってやるだけで勝手にモーターが組み上がることはない．

しかし，べん毛はそのように組み立てられている．細菌の細胞の中にはタンパク質をつまみあげる手もなければ，正しい位置を判断する脳も目もない．タンパク質どうしがはずれないように止める金具もない．べん毛をつくるために，タンパク質は自分で正しい位置に行き，正しい方向を向き，隣のタンパク質とがっちりとつながりあうのである．なぜこのようなことが可能なのであろうか．

それは，タンパク質の分子どうしにぴたりと嵌まりあう性質があるからである．タンパク質の分子の形が互いにきちんと合っているということだけでなく，タンパク質の分子がもつ官能基の間に相互作用がはたらき，タンパク質どうしは互いに磁石のように引きつけあうことになる．磁石ならN極とS極しかないが，タンパク質の場合はさまざまな相互作用の組合せにより，相手とその向きをきちんと選ぶことができる．これは，べん毛をつくるタンパク質が，自分はどのタンパク質の隣にどのような形で嵌まらなければならないか知っているということと同じことである．

このように，超分子は分子間の相互作用によって形成される（図2.2）．したがって，超分子について理解するためには，まず，分子

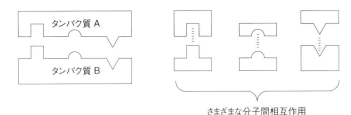

図 2.2 さまざまな分子間（官能基間）相互作用の集積によりタンパク質は自分の相手を知る

間相互作用について理解する必要がある．

2.2 分子間相互作用

分子間相互作用には引力的なものと斥力的なものがある．表 2.1 に代表的な分子間相互作用をまとめる．引力的な相互作用は大ざっぱに強い順に並べてある．斥力的な相互作用は疎水相互作用だけである．

分子間相互作用の強さは，その相互作用によって得られる（モルあたりの）自由エネルギー変化 ΔG で評価することができる．自由エネルギー変化は，相互作用の直接的な作用による熱エネルギーの成分であるエンタルピー変化 ΔH と，系がもつ秩序エネルギーの成分であるエントロピー変化 ΔS とにより，温度 T で，$\Delta G = \Delta H - T\Delta S$ として表すことができる．引力的な相互作用はいずれもエンタルピーの寄与による発熱的な相互作用であり，相互作用が強いということは ΔH が負に大きいことを意味する．一方，疎水相互作用はエントロピーに由来する相互作用である．

表 2.1　分子間相互作用

引力的な相互作用	共有結合 配位結合
	水素結合 CH/π 相互作用
	電荷移動（CT）相互作用
	静電相互作用
	双極子による相互作用 　イオン–双極子相互作用 　双極子–双極子相互作用 　双極子–誘起双極子相互作用 　分散力
斥力的な相互作用	疎水相互作用

2.3　共有結合と配位結合

共有結合も配位結合も，原子どうしが電子対を共有することで生じる相互作用である．結合とはそのようにして共有された電子対のことを意味する．

共有結合と配位結合は，それがどのように形成されたかで区別される．共有結合は原子が電子をそれぞれ 1 つずつ出すことで形成されたものである．それに対して，一方の原子が非共有電子対を出し，もう一方の原子が空軌道にその電子対を受け入れて共有電子対としたときに，その共有電子対のことを配位結合という．たとえば，水の H−OH 結合の場合，それが水素 H_2 と酸素 O_2 の燃焼で形成されたのなら共有結合，それが水素イオン H^+ と水酸化物イオン OH^- との反応で形成されたのなら配位結合とよぶ（図 2.3）．

このことからわかるように，共有結合と配位結合との間に本質的

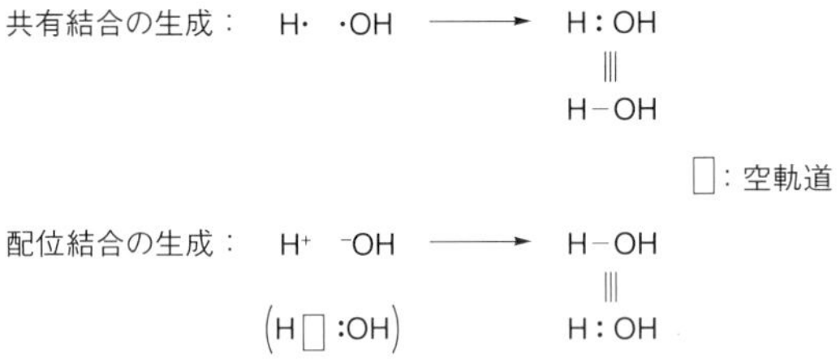

12   第2章　分子間相互作用

共有結合の生成：　　H・　・OH　　⟶　　H:OH
　　　　　　　　　　　　　　　　　　　　　　‖
　　　　　　　　　　　　　　　　　　　　　H－OH

□：空軌道

配位結合の生成：　　H⁺　⁻OH　　⟶　　H－OH
　　　　　　　　（H□:OH）　　　　　　‖
　　　　　　　　　　　　　　　　　　　H:OH

図 2.3　共有結合と配位結合の形成

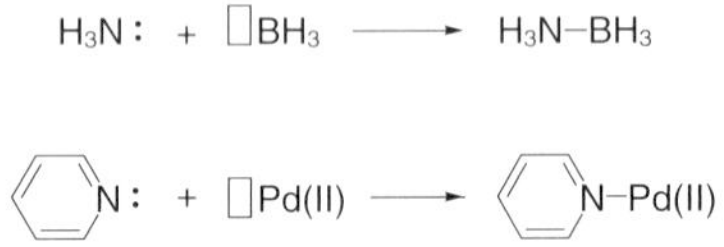

H_3N：　+　□BH_3　⟶　H_3N－BH_3

⬡N：　+　□Pd(II)　⟶　⬡N－Pd(II)

図 2.4　典型的な配位結合の形成

な差はなく，結合としての性質に違いはない．しかし，結合によっては配位によってのみ形成される結合もある．たとえば，図 2.4 に示すようにアンモニア NH_3 とボラン BH_3 は安定な N－B 結合を形成して H_3N－BH_3 というような化合物をつくる．このときにつくられる N－B 結合は，窒素の非共有電子対とホウ素の空軌道（$2p_z$）軌道からつくられる典型的な配位結合である．また，ピリジンはパラジウム(II) イオンに配位して錯体を形成するが，これもピリジンの窒素上の非共有電子対がパラジウム(II) のもつ空軌道と配位結合をして生成するものである．

　共有結合も配位結合も，強いものから弱いものまである．強い結合は分子をつくるのに使われる．弱く切れやすい結合は分子間にはたらき，超分子を形成するのに使われる．

　分子の構造は，2つの原子間の距離，3つの原子の間の角度，4

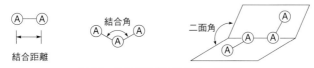

図 2.5 分子の形を決める 3 つの要素
2 つの原子の間の距離（結合距離），3 つの原子のつくる角（結合角），4 つの原子のねじれ（二面角）．

つの原子のねじれで決まる（図 2.5）．原子間の距離を結合距離，原子間の角度を結合角という．ねじれは，原子が 3 つずつでつくる面の間の角度で決められ，これを二面角とよぶ．共有結合と配位結合の著しい特徴は，結合距離と結合角が非常に狭い範囲でしか許されないことにある．二面角には比較的自由度があるが，それでも自由度は限られる．そのため，分子は原子の単なる集合体ではなく，限られた形しか許されない．結合距離と結合角には自由度がほとんどないため，分子の形は二面角の組合せによって決まると考えてよい．ここで，弱い結合やこの後で述べるさまざまな相互作用が分子内にはたらくことで二面角が決まり，分子の形が定まっていく．そのようにして分子の形が定まることで分子の間の「嵌まり具合」が決まる．それによって，分子は超分子を形成するための準備を整えるのである．

2.4 水素結合

水素結合は，正に分極した水素原子と非共有電子対をもつ原子との間にはたらく相互作用である．水素原子が結合する原子をドナー原子（D），非共有電子対をもつ原子をアクセプター原子（A）とよぶ．水素結合は，「結合」と名が付いているものの，一般に電子対

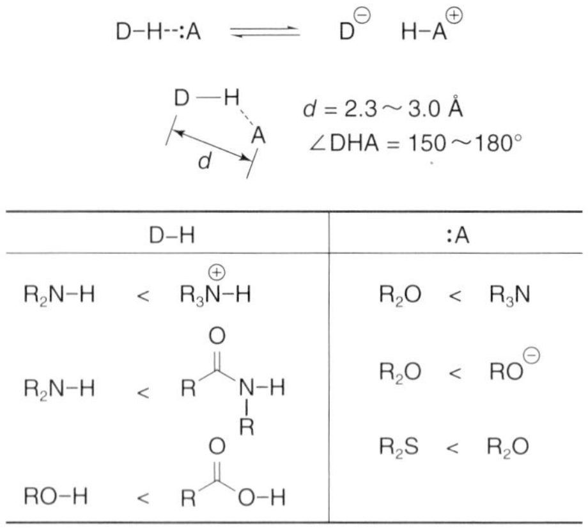

14　第2章　分子間相互作用

$$D-H\cdots:A \rightleftharpoons D^{\ominus}\quad H-A^{\oplus}$$

$$D-H\cdots A \qquad d = 2.3\sim3.0\ \text{Å}$$
$$\angle DHA = 150\sim180°$$

D–H			:A		
R_2N-H	<	$R_3\overset{\oplus}{N}-H$	R_2O	<	R_3N
R_2N-H	<	$R\overset{\displaystyle O}{\underset{\displaystyle R}{-}}C-\overset{}{N}-H$	R_2O	<	$RO^{\ominus}$
RO–H	<	$R-\overset{\displaystyle O}{C}-O-H$	R_2S	<	R_2O

図2.6　水素結合系と水素結合の強さ

の共有を伴うものではないと理解されている．しかし，水素結合系
では多くの場合，D–H…A という構造とプロトンが移動した $D^{\ominus}\cdots$
$H-A^{\oplus}$構造の間にきわめて速い平衡が成立している．そのため，水
素結合系は水素原子を仲立ちとする三中心四電子結合系であるかの
ように振る舞うことがある．

　DH結合の分極が強ければ強いほど水素結合は強くなるので，典
型的な水素結合はドナー原子が電気陰性度の高い酸素や窒素である
ときにみられる．同じ窒素に結合する水素でも，アミンの水素より
もアンモニウム塩の水素のほうが分極しているので，水素結合は強
い．また，ドナー原子がカルボニル基に隣接していると，カルボニ
ル基の共鳴効果によって分極が強くなるので水素結合が強くなる．
すなわち，アルコールよりはカルボン酸，アミンよりはアミドの水
素のほうが強い水素結合をつくる（図2.6）．

　一方，アクセプター原子はその塩基性が高くなると水素結合が強

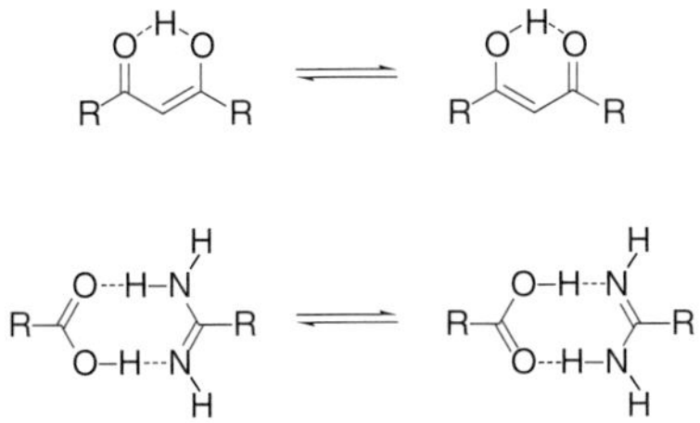

2.4 水素結合　15

図 2.7　対称性の高い水素結合系

くなる．すなわち，アクセプター原子が酸素であるときより窒素で
あるときのほうが水素結合は強い．また，同じ原子であれば，中性
状態よりアニオン状態のほうが水素結合は強い．一般に，周期表で
下にいくと塩基性は弱くなる（その代わり求核性は高くなる）の
で，水素結合も弱くなる．すなわち，アクセプター原子が酸素から
硫黄に変わると水素結合は弱くなる．

　ドナー原子とアクセプター原子の種類と水素結合の強さとの関係
は，一般に，$D^{\ominus}\cdots H-A^{\oplus}$構造が安定化されて，その寄与が大きく
なると水素結合が強くなる，とまとめることができる．図2.7に示
すような，$D-H\cdots A$構造とプロトンが移動した$D^{\ominus}\cdots H-A^{\oplus}$構造が
等しい場合，その水素結合は非常に強い．

　水素結合は方向性をもつ相互作用である．一般に，$D-H\cdots A$と
いうように水素結合が作用しているとき，$D-H-A$の角度は150
〜180°で，典型的には160〜170°である．また，$D-A$間の距離
は2.3〜3.0 Åである（水素結合が強いほど距離は短くなる）．その
ため，分子間相互作用として水素結合がはたらくと，分子どうしの
相対的な位置関係が決まってくる．また，水素結合はどれほど強く
とも共有結合の1/10程度の強さしかない．そのため，水素結合の
形成は常に可逆的である．このように，水素結合がはたらいている

場合，共有結合ほどではないが方向性と原子間距離に制約があることと，また，状況に応じて水素結合が生じたり切れたりすることは，超分子の形成に都合がよい．

生体分子は水中ではたらく．多くの生体分子は水溶性を確保するためにドナー原子やアクセプター原子となる数多くのヘテロ原子を有する．そのため，生体分子の間には水素結合がはたらくだけでなく，生体分子の内部にも水素結合がはたらいてその高次構造が保たれる．水素結合のもつ適度の制約と融通の高さが生体分子の柔軟さを保証しており，それによって生体分子の高度の機能が発揮できるのである．

水素結合のアクセプターとしては，多重結合のπ電子もはたらくことができる．ただし，π電子は非共有電子対よりも塩基性が低いので，D－H···π水素結合は一般に非共有電子対をアクセプターとする水素結合よりも弱い．しかし，D－H···π水素結合は生体分子の高次構造の形成にしばしば重要な役割を果たす．

C－H結合も分極しているので，炭化水素の水素も水素結合する．C－H結合の分極は弱く，C－H結合が関与するC－H···A水素結合は弱い．そのため，C－H···Aの水素結合を主たる分子間相互作用として超分子を形成させることは困難である．

さらに，C－H···πのかたちの水素結合もある．C－H···π水素結合（一般にCH/π相互作用といわれる）は他の水素結合に比べると弱く，D－H···Aのかたちの水素結合の1/5から1/10程度の強さしかない．しかし，C－H結合は分子内に多数あることと，とくにベンゼン環のπ平面は広いため，同時に多くのC－H結合とCH/π相互作用できることから，1本1本のCH/π相互作用は弱くても，全体としては大きな相互作用となりうる．そのため，CH/π相互作用は分子の高次構造を決定するうえでしばしば重要な役割を果たす．

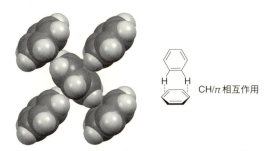

図 2.8　ベンゼンの結晶形成にはたらく CH/π 相互作用
充填図はベンゼンの結晶構造を b 軸から見たもの.

たとえば,ベンゼンの結晶では,ベンゼン環は互いに直交しながら結晶化する(図 2.8).これは,ベンゼン環の間にはたらく π–π 相互作用(2.5 節)よりも,CH/π 相互結合のほうが優勢だからである.

水素結合の存在は結晶構造解析で確認することができるが,溶液中での水素結合の様子は ^{1}H NMR スペクトルを用いると容易に観測できる.D–H⋯A のかたちの水素結合の場合,非共有電子対による磁気異方性効果によってドナー原子 D に結合する水素は低磁場シフトする.それに対して D–H⋯π のかたちの水素結合の場合,π 電子雲による遮へい効果のため,著しい高磁場シフトが観測される.

2.5　電荷移動(CT)相互作用

電荷移動相互作用は,電子求引性基(electron-withdrawing group:EWG)をもつ π 電子系と電子供与性基(electron-donating

18   第 2 章   分子間相互作用

コラム 2

フッ化水素の特別な性質

ハロゲン化物イオンはすべて−1 価である. 一方そのイオン半径は, 最も小さいフッ化物イオンが 1.36 Å, 最も大きいヨウ化物イオンが 2.16 Å で, 1.59 倍の開きがある. 体積は半径の 3 乗に比例するので, ヨウ化物イオンの体積はフッ化物イオンの体積の 4 倍あり, ということは, 非常に大ざっぱに, ヨウ化物イオンの電荷密度はフッ化物イオンの 1/4 しかないことになる.

フッ化物イオンのように, 狭い空間に電荷が密集しているイオンを「硬い」イオンといい, ヨウ化物イオンのように電荷が希薄なイオンを「軟らかい」イオンという.「軟らかい」イオンは, 電荷が近づいてきたときそのイオンの形を簡単に変えられるイメージである. 同様に, カチオンにも「硬い」カチオンと「軟らかい」カチオンがある. フッ化物イオンは典型的な「硬い」アニオンで, 水素イオンはイオン半径が小さく, 典型的な「硬い」カチオンである.「硬い」イオンどうしは電荷密度が高いので静電相互作用しやすく,「軟らかい」イオンどうしは軌道が広がっているので軌道相互作用しやすい. そのため, フッ化物イオンは水素イオンと強く相互作用する.

フッ素原子は最も電気陰性度が高い原子であるので, そのアニオンは非常に安定である. したがって, フッ酸 (HF の水溶液) は強酸となることが期待される. ところが, 実際はフッ酸は弱酸性しか示さない. 塩酸 (HCl の水溶液) が強酸なのと対照的である. これは, フッ化物イオンが水素イオンと非常に強い親和性をもつためである. この親和性は非常に強いため, フッ化物イオンはむしろ強塩基 (!) として用いられる.

フッ酸の弱酸性は, 水溶液としての性質であって, HF の本来の性質ではない. フッ化物イオンが水と強力に水素結合をするため, フッ化物イオンの本来の性質が隠され, HF の潜在的な強酸性が現れてこないのである. したがって, たとえば気相中では, HF はきわめて強い酸として振る舞う. 水素結合のため, フッ化物イオンの塩基性は水の存在によって大きく異なる. フッ化物イオンの塩基性は水がないときに最大となるが, フッ化物イオンと水との親和性のため, 無水のフッ化物イオンをつくるのは非常に難しい.

group：EDG）をもつπ電子系との間にはたらく相互作用である．

　電子求引性基はπ電子系の最低空軌道（lowest unoccupied molecular orbital：LUMO）のエネルギーレベルを下げ，π電子系が電子を受け入れやすくする．一方，電子供与性基はπ電子系の最高被占軌道（highestoccupiedmolecularorbital：HOMO）のエネルギーレベルを上げ，π電子系からの電子の供与を促進する．そのため，電子求引性基をもつπ電子系は，電子供与性基をもつπ電子系と軌道相互作用し，電子求引性基をもつπ電子系は電子を受け入れて部分的に負電荷を帯びる（電子密度が上がる）．と同時に，電子供与性基をもつπ電子系は電子を渡して正電荷を帯びる（電子密度が下がる）．電子求引性基をもつπ電子系は電子を受け入れるのでアクセプター分子（あるいはπ酸）とよばれ，電子供与性基をもつπ電子系は電子を与えるのでドナー分子（あるいはπ塩基）とよばれる．アクセプター分子とドナー分子の間の軌道相互作用は電荷移動を伴うので電荷移動相互作用（charge-transfer interaction，しばしばCT相互作用）とよばれる（図 2.9）．

　たとえば，強い電子求引性を有するフッ素原子ですべての水素が置換されたヘキサフルオロベンゼンは，ベンゼンと混合すると発熱的に電荷移動錯体を形成して結晶化する．ここで，ヘキサフルオロベンゼンがアクセプター分子，ベンゼンがドナー分子である．ベンゼン環に電子供与性基であるアルコキシ基を導入するとドナー性が向上し，さらに速やかに電荷移動錯体の形成が起こる（図 2.10）．

　電荷移動相互作用は静電相互作用（2.6 節）ではなく，それぞれのπ電子の分子軌道の間の相互作用に由来する．そのため，電荷移動相互作用のある系では，軌道相互作用に基づく系に特有の着色が現れることが多い．

　それぞれのπ電子系の電子求引性基と電子供与性基が十分に強

20 第 2 章 分子間相互作用

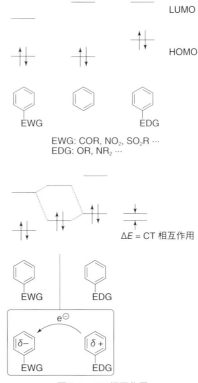

図 2.9 CT 相互作用
電子求引性基によってレベルの下がった LUMO と電子供与性基によってレベルの上がった HOMO の相互作用が CT 相互作用をもたらす．

いと，電子が 1 つドナー分子からアクセプター分子に完全に移り，アクセプター分子はラジカルアニオンに，ドナー分子はラジカルカチオンになる．たとえば，テトラシアノキノジメタン（TCNQ）とテトラチアフルバレン（TTF）は TCNQ ラジカルアニオンと TTF

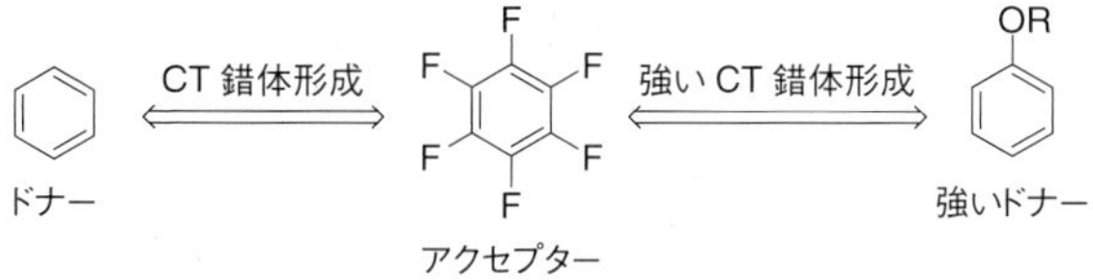

2.5 電荷移動（CT）相互作用 *21*

図2.10 電子密度の向上によるドナー性の向上と強い CT 錯体の形成

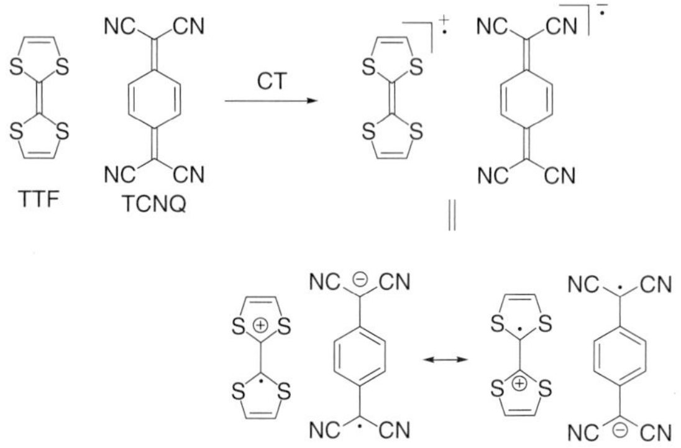

図2.11 TTF と TCNQ からの電荷移動錯体の形成

ラジカルカチオンからなる電荷移動錯体を形成する（図2.11）.

電荷移動相互作用をする場合，軌道相互作用を最大にするために，それぞれのπ電子系はその重なりを最大にしようとする．そのため，多くの場合，電荷移動相互作用をしているアクセプター分子とドナー分子は，真上に積み上がったような積層構造（スタック構造）をとる．このような会合のかたちを H 会合体（H-aggregate，このような会合体の形成は色素の吸収波長を短波長側にシフトさせる浅色（hypsochromic）効果のため）という（図2.12(a)）．逆に，H 会合体を形成させようとするならば，π電子系の間の軌道相互作

用を強くするように，適切な電子求引性基と電子供与性基をπ電子系に導入しておき，電荷移動相互作用をはたらかせればよい．

一方，とくに電子求引性基や電子供与性基をもたなくとも，広いπ電子系をもつ平面性の高い分子は自分自身で会合体を形成することがある．この場合，同一のπ電子系の間なのでπ軌道の間に軌道相互作用がはたらいているわけではない．実際，このような場合，分子どうしは少しずつずれながら会合する．このような会合体をJ会合体（J-aggregate，この形の会合体を見出した E. E. Jelley にちなむ）という．J会合体の形成は軌道相互作用によるものではなく，π電子系のもつ四重極子によるものである（2.7節）（図2.12(b)）．

電荷移動相互作用をするπ電子系はH会合体を形成するので，電荷移動相互作用は高い方向性をもち，π電子系の相対的な位置を決めるのに有効である．ただし，ある分子系で芳香環がスタック構造を取っていたとしても，単に，疎水空間の形がそのπ電子系に当てはまっているためにスタック構造が誘導されているだけで，電荷

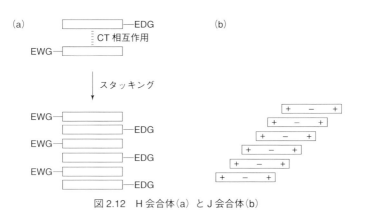

図 2.12　H 会合体(a) と J 会合体(b)

移動相互作用がはたらいていない場合もある．

2.6 静電相互作用

　カチオン（正イオン）とアニオン（負イオン）との間にはたらく電気的な引力を静電相互作用とよぶ．ただし，たとえば塩化ナトリウムの結晶の中で，塩化物イオンとナトリウムイオンとの間にはたらいているのは純粋な静電相互作用ではない．塩素原子とナトリウム原子との間には，非常に分極してはいるものの共有結合と，塩素原子の非共有電子対とナトリウム原子の空軌道の間の配位結合がはたらいている．しかし，テトラメチルアンモニウムイオンのように，共有結合や配位結合に寄与する空軌道をもたないカチオンでは，アニオンとの間に静電相互作用だけがはたらく（図2.13）．テトラフルオロホウ酸イオンのように，非共有電子対をもたないアニオンの場合も，カチオンとの間には静電相互作用がはたらく．塩化ナトリウムの場合でも，水溶液中では，水和した塩化物イオンと水和したナトリウムイオンとの間の相互作用はおもに静電相互作用で

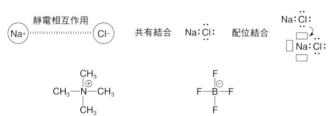

図 2.13　静電相互作用
空軌道をもたないカチオンや非共有電子対をもたないアニオンでは純粋な静電相互作用がみられる．

ある.そのため,塩化ナトリウムの水溶液中で,塩化物イオンとナトリウムイオンは互いにまったく自由に移動できるわけではない.

静電相互作用は電子対の共有を含まないので「結合」ではない.静電相互作用をイオン結合とよぶのは誤りである.静電相互作用は等方的で,カチオンとアニオンの距離を縮めるように作用するが,イオンの位置を固定するようなはたらきはない.

2.7 双極子の相互作用

分子の中で電子の分布が均一でないとき,分極しているという.分極した分子の中には,電子密度が高く負電荷の集中している領域と,電子密度が低く正電荷を帯びた領域がある.正電荷の中心と負電荷の中心が一致しないとき,その分子は双極子をもつという.双極子の強さは,正負両電荷の中心の間の距離と分極した電荷との積で表され,それを双極子モーメントという(図2.14).すなわち,強く分極し,分極した電荷が遠く離れれば離れるほど双極子は強い.

双極子はその周囲に電場を形成する.そのため,双極子は,双極子どうしで,また,イオンと相互作用する(図2.15).このような,双極子の相互作用はまとめてファンデルワールス(van der Waals)

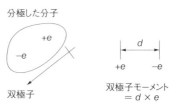

図2.14 分極と双極子モーメント

2.7 双極子の相互作用

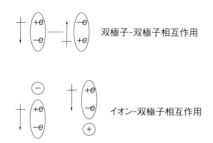

図 2.15 双極子は双極子どうしまたはイオンと相互作用する

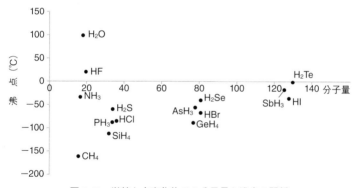

図 2.16 単純な水素化物での分子量と沸点の関係

力ともよばれる．双極子の相互作用は普遍的である．たとえば，物質を冷やすと必ず液体や固体になるのは双極子のはたらきによるものである．図 2.16 に，単純な水素化物について，分子量と沸点の関係を示す．フッ化水素，水，およびアンモニアは分子間で水素結合がはたらくために例外であるが，これを除くと分子量と沸点との間に強い相関が認められる．これは分子量が大きくなるにつれて，分子中の電子の数が増え，それに伴って分子間にはたらく双極子の相互作用が積み重なっていくからである．

双極子の関与する相互作用は弱く，また普遍的にはたらくため，双極子の相互作用だけで分子を特定の配列をとるように並べるのは困難である．そのため，双極子の相互作用だけで超分子を形成することはできない．しかし，双極子の相互作用は普遍的なため，超分子が形成された状態において，そこにはたらいている双極子の相互作用を無視することはできない．

正電荷や負電荷が複雑に分布しているとき，とくに対称性の高い分子では，分極があるにもかかわらず正電荷の中心と負電荷の中心が一致することがある．このような場合，双極子がないので分子は非極性分子として振る舞う．たとえば，ベンゼンや二酸化炭素が典型的な例である．しかし，これらの分子は局所的には分極しているため，その分極に由来する分子間相互作用がはたらく．このような分極は多重極子として表現される．正電荷と負電荷が平面的に分布しているならば，その分子は四重極子をもつという．正電荷と負電荷が立体的に分布しているならば，その分子は八重極子をもつという（図 2.17）．

双極子をもつ分子が非極性分子に接近すると，非極性分子の電子雲に対する摂動の結果として，非極性分子に双極子が誘導される．

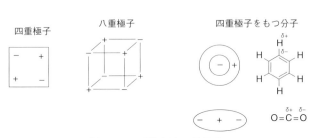

図 2.17 四重極子と八重極子
四重極子をもつが，双極子をもたないために非極性である分子．

このようにして発生する双極子を誘起双極子という．誘起双極子は，自らを誘起した双極子と引力的な相互作用をもつ．また，非極性の分子どうしであっても，分子内に何らかのかたちで発生した誘起双極子が相手の分子に誘起双極子を誘導し，誘起双極子どうしの相互作用が生じうる．誘起双極子どうしの引力的な相互作用はロンドン（London）力ともよばれる（図2.18）．

誘起双極子は，電子密度が高くてコンパクトな原子には生じにくく，電子密度が低く原子半径の大きな原子に生じやすい．双極子が誘起されやすい原子を分極率が高いという．周期表で高周期の原子番号の大きい原子（重原子）は分極率が高く，重原子を含む分子には誘起双極子による相互作用が強く表れる．重原子の分極に基づく誘起双極子の相互作用は，うまく利用すると超分子の形成に使うこ

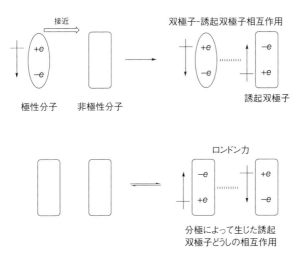

図 2.18 誘起双極子による相互作用
誘起双極子どうしの相互作用はロンドン力とよばれる．

28 第2章 分子間相互作用

ともできる.

2.8 疎水相互作用

「水と油」は互いに混じり合わないものの比喩としてもよく使われる表現である. 物質には, 砂糖や塩のように水に溶けるが油に溶けない性質のものと, バターやマニキュアのように油に溶けて水に溶けない性質のものがある. 砂糖や塩が水に溶けるのは, これらの物質が配位結合や水素結合をはじめとするさまざまな相互作用(負のエンタルピー変化 ΔH)によって水と引力的な相互作用をするためである. それに対する類推から, バターやマニキュアのような油に溶ける物質どうしの間にはたらく仮想的な相互作用として想定されたのが「疎水相互作用」である. しかし実際は, これらの物質と油との間には, 双極子による相互作用を除けば, 何らかの特別な相互作用があるわけではない. それどころか, 油が水に溶けないのも, 油と水の分子の間に何らかの反発や斥力的な相互作用があるからでもない. 油にものが溶けるのも, 油が水に溶けないのも, すべて秩序構造の破壊(正のエントロピー変化 ΔS)のためである.

最も単純な「油」であるメタンが水に溶ける過程での熱力学的パラメータの変化は $\Delta H = -14\,\text{kJ mol}^{-1}$, $\Delta S = -135\,\text{J K}^{-1}\,\text{mol}^{-1}$ である. この数値は二重の意味で私たちの直感に反する. まず, ΔH が負であることは, メタンと水の間には引力的な相互作用がはたらいていることを意味する. これは, おそらく, CH···O 水素結合によるものであり, メタン(油)は相互作用の点では水に溶けたいのである. 一方, ΔS は大きく負となっている. ΔS は秩序に由来する項である. 一般に, ある分子が溶媒に溶解すると, その分子の存在することのできる空間が広くなるため, ΔS は正になる(より自

由になる)のが普通である．ところが，メタンが水に溶けようとすると，逆に ΔS が大きく負となってしまうのである．そのため，$\Delta G\ (=\Delta H-T\Delta S)$ 全体としては正になってしまい，メタンは水に溶けないのである．メタンが水に溶けようとするとなぜ ΔS が負となるのかについては，次のように理解されている．

液体の水では，分子間に水素結合のネットワークが形成されている．そのネットワーク内部では，水素結合の相手を短い時間間隔で自由に変えることができる（自由度が高い状態）．ここにメタン分子が侵入すると，メタン分子は水と水素結合をしない（非常に弱いCH…O 水素結合を別にして）ため，水の分子は，メタン分子の周りに水素結合の壁をつくらざるをえない（図 2.19）．これは水の分

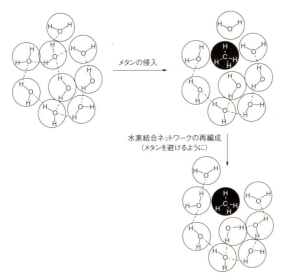

図 2.19　水中への疎水性分子（メタン）の侵入による秩序的水素結合構造の形成（ΔS の低下）

子が強制的に整列させられていることと同じことで，秩序構造（自由度の低下）のため，ΔS は低下する．水は，水中からメタン分子を追い出すことで，自由に水素結合ができる環境を回復する．

水に溶けない分子どうしは，水から追い出されることで1カ所に集まることになる．水に溶けない分子の間にはとくに相互作用がはたらいているわけではないので，「溶解すれば ΔS が正になる（ΔG が低下する）」という原則に従い，互いに溶け合う．すなわち，「疎水相互作用」という何らかの相互作用があるのではなく，水に嫌われた分子どうしが自然に集まって互いに溶け合うこととなるので，相互作用がはたらいているようにみえる結果となる．

有機物でも，砂糖のように水素結合ネットワークに参加できる官能基（砂糖の場合であればヒドロキシ基）の割合が高い物質は，そのような官能基によって水の水素結合ネットワークが自由度を失わない．そのため，水から追い出されることもなく，疎水相互作用がはたらかないようにみえる．糖類の代表としてグルコースの場合を図 2.20 に示す．

「疎水相互作用」がはたらくためには水の水素結合ネットワークが必要である．そのため，「疎水相互作用」は原則として水のあるところでしかはたらかない．しかし，メタノールやジメチルホルムアミド（DMF）のような高極性溶媒の中では，疎水性の高い炭化

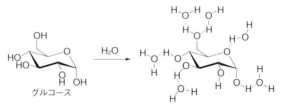

図 2.20　水素結合ネットワークに参加するグルコース

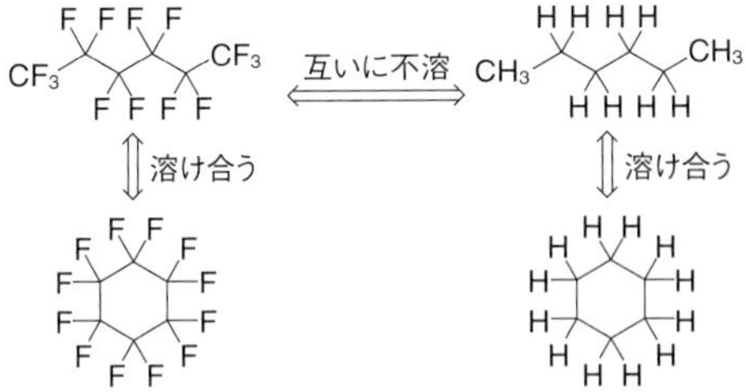

2.8 疎水相互作用　　*31*

図 2.21　疎フッ素相互作用

水素に対して疎水相互作用に相当する斥力がみられる.

　疎水相互作用と同様の斥力的な相互作用は,自己集合的性質をもつ媒体中で一般にみられる.たとえば,フッ素化炭化水素はフッ素化炭化水素だけで集合しようとする傾向をもつ.そのため,フッ素化炭化水素を溶媒とすると,疎水相互作用に相当する斥力（疎フッ素 (fluorophobic) 相互作用とよばれる；図 2.21）がはたらき,フッ素化されていない化合物はフッ素化炭化水素の溶媒から追い出される.

第3章

クラウンエーテル

3.1　クラウンエーテルの発見

　C. J. Pedersen が 1967 年に発表したクラウンエーテルは，化学界に一大センセーションを巻き起こした．Pedersen 単独で書かれた 20 ページに及ぶ歴史的論文は，クラウンエーテルという単純な構造の化合物がきわめて著しい特性を示すことを報じただけでなく，新しい広大な化学の領域の門が開いたこと，化学―分子―の立場から生物を理解するための指導原理が立ち現れたことを世界に示したのであった．J. D. Watson と F. H. C. Crick が DNA の二重らせん構造を報告し，一夜にして分子生物学が始まった事件と比肩することができる．

　クラウンエーテルという思想は，生体分子がどのようにはたらいているのか，分子構造から理解するだけでなく，その理解をもとに生物を超える分子システムが構築できるかもしれないことを想像させた．この論文を読んだ多くの化学者がそれまでの研究を投げ捨て，この新しい分野に続々と参入してきた．クラウンエーテルの化学は，分子認識化学（ホスト−ゲスト化学）に発展し，さらに超分子化学へと深化した．さらに超分子化学は，生物を超分子という観点で捉え直そうとすると同時に，ナノ科学を支える重要な柱となっている．Pedersen は 1987 年にノーベル化学賞を受賞している．こ

34 第3章 クラウンエーテル

のときの共同受賞者の1人が，「超分子化学」を提唱したJ.-M. Lehn
である．超分子の多くの特質がクラウンエーテルに現れている．し
たがって，超分子のさまざまな側面を語るのに，クラウンエーテル

コラム③

Pedersen 物語

　Pedersen の母は日本人である．母の一家は，その当時大日本帝国の保護国
であった（植民地にする前の）大韓帝国で商売をしていた．ノルウエーの航海
技師であった父は，大韓帝国に赴任してきたときに Pedersen の母と出会い結
婚し，1904 年に Pedersen が生まれた．8 歳から 18 歳まで日本（といってもア
メリカンスクール）で暮らした後，アメリカの大学に進んだ．修士号を取得し
た後，博士課程には進まずデュポン社に定年まで勤めた．Pedersen は博士号
をもたずに科学系のノーベル賞を受けた初めての人物である．

　デュポン社を含め西洋系の化学会社では，研究員は博士号をもつのが普通で
ある．博士号をもたない Pedersen が研究に携われたのは，その能力が非常に
高く評価されたからであろう．

　当時は高分子工業がまさに始まった時期であり，そのなかでもデュポン社の
貢献はきわめて高い．Pedersen も当然高分子化学に携わることになる．1960
年に Pedersen（当時 56 歳）は研究（業務）の一環で次の反応を行った．

反応はあまりきれいには進まなかったが，Pedersen は生成物中に結晶性の化
合物がわずかに（収率 0.4％！）含まれていることに気づいた．この当時，精

3.1 クラウンエーテルの発見　35

から始めるのが適当であろう．この章では，クラウンエーテルの特
徴を挙げ，超分子化学の基本となる分子認識の基本原理を論ずる．

製法としてクロマトグラフィーはまだ使われていなかったので，この「副生成
物」を分け取ったという事実は Pedersen が卓越した実験技術をもつことを示
している．

　さて，「業務」としてはもちろん **3-3** の収率を上げることに取り組まなけれ
ばならない．しかし，この「副生成物」に興味をひかれた Pedersen は，勤務
時間終了後にこの「副生成物」についての研究を独自に進めることにした（会
社の設備を使うので，もちろん，上司の許可をとって）．すぐに Pedersen は
この「副生成物」が世界最初のクラウンエーテル **3-5** であることを見出した．
3-1 に不純物として含まれていた **3-4** が **3-2** と反応して **3-5** が生成したのであ
る．

　このまったく新しい，しかも異常な性質を示す化合物について 7 年間独自
の研究を進めた後，Pedersen はクラウンエーテルを世に問うた．そのとき
Pedersen は 63 歳．定年の 2 年前である．その論文には，終業後の研究に許可
を出した上司への感謝が書かれている．

　この論文がいかに衝撃をもって迎えられたかは，「クラウンエーテル」とい
う名前の取扱いにみることができる．この論文で初めて用いられたこの名は，
一介の企業研究者がかなり便宜的に付けたものであるにもかかわらず，学会で
今日まで変わることなく用いられ続けているのである．

3.2 クラウンエーテルの構造と名称

クラウンエーテル（crown ether）とは，環状ポリエーテルのことである．エーテル酸素を王冠（クラウン）の宝玉に見立ててクラウンエーテルと称する．n 員環で m 個の酸素原子をもつクラウンエーテルは n-クラウン-m とよばれる．クラウンエーテルがベンゼン環を縮環している場合には，ベンゾ（benzo）をつけてよばれる（図 3.1）．

酸素の代わりに窒素や硫黄などのヘテロ原子をもつクラウンエーテルもある．それぞれ，窒素や硫黄の導入された位置をアザ（aza）あるいはチア（thia）と指定して命名する．

アザクラウンエーテルを用いると，クラウンエーテルに側鎖をもたせることができる．さまざまな側鎖をもつクラウンエーテルがあるが，そのなかでもとくに，2 つの窒素原子をもつクラウンエーテルで窒素原子間をポリエーテル鎖で結んだものはクリプタンド（cryptand）とよばれる．これは，金属イオンが隠れる（crypt＝隠れた）ように取り込まれるからである．

3.3 カチオン認識と選択性

クラウンエーテルの第一の特性は，金属イオン，それもアルカリ金属イオンを強く認識することである．アルカリ金属塩が水に溶けるときには，アルカリ金属イオンは水の配位（水和）を受ける．クラウンエーテルは，水が配位するのと同様に，アルカリ金属イオンを取り囲むようにアルカリ金属イオンに配位する（図 3.2）．

アルカリ金属イオン以外であれば，ジメチルグリオキシムがニッケル(II) イオン選択的な呈色試薬として用いられたり，硫化物イ

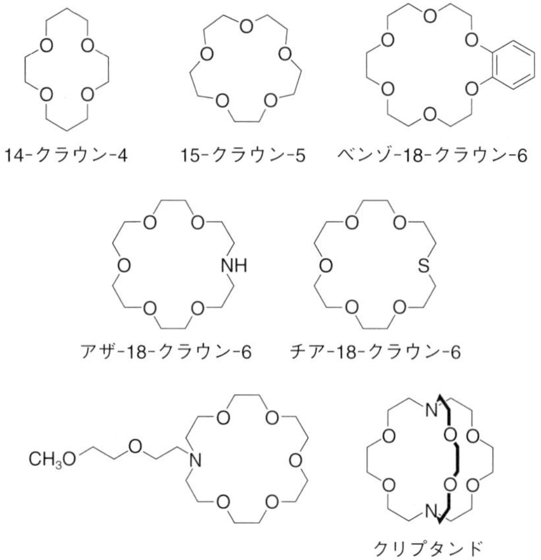

3.3 カチオン認識と選択性　　37

14-クラウン-4　　　15-クラウン-5　　ベンゾ-18-クラウン-6

アザ-18-クラウン-6　　チア-18-クラウン-6

クリプタンド

図 3.1　さまざまなクラウンエーテル

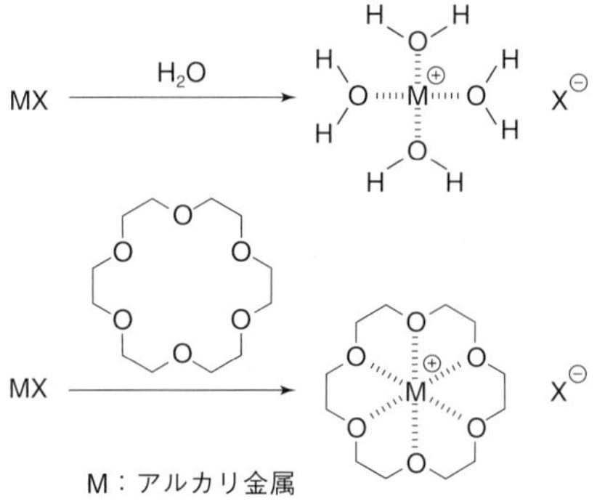

M：アルカリ金属

図 3.2　アルカリ金属イオンへの水の配位とクラウンエーテルの配位

オンで銅(II) イオンなどの重金属イオンが沈殿したりするなど，特定のイオンの検出に用いられるさまざまな試薬が知られている．しかし，アルカリ金属イオンに対して選択的に作用する古典的試薬はないといってもよい．クラウンエーテルは，アルカリ金属塩が沈殿しにくく水に溶けやすい（水和されやすい）という，まさにその性質を利用してアルカリ金属イオンを特異的に認識する．アルカリ金属イオンに選択的に作用する化合物は画期的であった．

　生体がアルカリ金属イオンを選択的に利用していることは古くから知られていた．たとえば，細胞の内部ではナトリウムイオンに比べてカリウムイオンの濃度が高い（$[Na]=14\ mmol\ L^{-1}$，$[K]=157$ $mmol\ L^{-1}$）．逆に，細胞間液（血液など）ではナトリウムイオンの濃度のほうがカリウムイオンの濃度に比べて高い（$[Na]=143$ $mmol\ L^{-1}$，$[K]=4\ mmol\ L^{-1}$）．このことは，生体がアルカリ金属イオンに選択的に作用するだけでなく，ナトリウムイオンとカリウムイオンを厳密に区別して利用していることを意味している．しかし，ナトリウムイオンとカリウムイオンの化学的性質にはほとんど差がないため，何らかの反応によってナトリウムイオンとカリウムイオンを区別することは難しい．生体がどのようにしてナトリウムイオンとカリウムイオンを区別しているのかは大きな謎であった．

　クラウンエーテルは，アルカリ金属イオンを認識するだけでなく，その区別も可能にした．図 3.3 に，さまざまな環サイズをもつクラウンエーテルがそれぞれのアルカリ金属イオンとつくる錯体の安定性を示す．クラウンエーテルの環のサイズが大きくなるにつれて，よりイオン半径の大きいアルカリ金属イオンと選択的に相互作用することがわかる．クラウンエーテルはその環の内孔とぴったりあったサイズのカチオンを選択的に認識するのである．図 3.3 のグラフの縦軸は対数で目盛ってあるので，たとえば **3-8** による K$^+$/

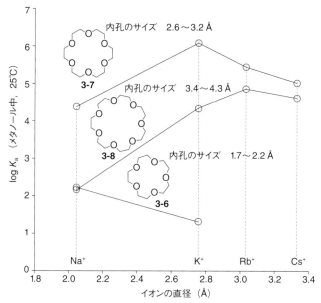

図3.3 アルカリ金属イオンの直径とクラウンエーテルの内孔のサイズとクラウンエーテル-アルカリ金属イオン錯体の安定性（メタノール中）の関係
錯体の安定性を錯形成定数 K_a の対数で表す．

Na$^+$選択性は 100 倍にも達している．

先に述べたように，生体内では，ナトリウムイオンとカリウムイオンが厳密に区別されている．きわめて単純な構造をもつクラウンエーテルが，その内孔のサイズによってナトリウムイオンとカリウムイオンを区別するということは，生体内でも基本的には同様の原理でナトリウムイオンとカリウムイオンが区別されていることを意味している．すなわち，化学的性質の差では区別が困難なアルカリ金属イオンでも，それを取り囲む場の「サイズ」あるいは「形」を

40 第3章 クラウンエーテル

設定することで区別ができ，しかも，それは非常に優れた方法であることを示したのである．これが，この後に続くすべての超分子化学の考え方の基礎になっている．

　クラウンエーテルには，酸素の代わりにさまざまなヘテロ原子を導入することができる．環のサイズやヘテロ原子の数が同一であっても，ヘテロ原子の種類によってイオン認識能は大きな影響を受ける．たとえば，窒素原子や硫黄原子を導入したクラウンエーテルは重金属イオンに対する親和性が高くなり，重金属イオンの検出に利用することができる．

コラム 4

パープルベンゼン

　過マンガン酸カリウムはベンゼンのような有機溶媒にはまったく溶けない．しかし，ここにクラウンエーテル **3-9** を加えると，**3-9** がカリウムイオンに配位して錯体をつくる．過マンガン酸カリウムの結晶の中でカリウムイオンと過マンガン酸イオンとの間にはたらいていた結合性の相互作用は断ち切られ（2.6 節），また，親水性のカリウムイオンは，クラウンエーテルという有機物にくるまれることにより，ベンゼンとの親和性の高い疎水性のイオンへと変化する．そのため，過マンガン酸カリウムはベンゼンに溶けるようになる．この過程は，ベンゼンが過マンガン酸イオンの強い紫色に染まることによって容易に観察することができる．この溶液はパープル（紫の）ベンゼンとよばれ，有機物を強力に酸化することができる．

3-9

3.4 アンモニウム塩の認識

アルカリ金属イオンと並んで，古典的な分析化学的方法で判別が困難なイオンはアンモニウムイオンである．しかし，クラウンエーテルはアンモニウムイオンの検出も可能にした．アンモニウム塩はカリウムイオンと同程度のイオン半径をもち，カリウムイオンを認識するクラウンエーテルでカリウムイオンと同様に認識される（図3.4）．また，単なるアンモニウム塩だけでなく，置換基をもつアンモニウム塩もクラウンエーテルで認識される．アミノ酸など，アミノ基をもつ重要な生理活性物質は多い．アミン類は酸でアンモニウム塩にするとクラウンエーテルで認識されるようになる．クラウンエーテルでアンモニウム塩が認識できることは，クラウンエーテルが有機化合物の認識に広く応用可能であることを意味している．

実際，クラウンエーテルを利用して，アミノ酸などの有機分子を高度に認識するさまざまな認識場が構築されてきた．2つのクラウンエーテルを剛直なスペーサーで一定の距離に配置した認識場 **3-10** は，スペーサーの長さに応じて特定のメチレン鎖長をもつビスアンモニウム塩を特異的に認識する（図3.5）．

ニコチンアミドは生体内での酸化還元反応で中心的な役割を果たしている NADH（還元型ニコチンアミドアデニンジヌクレオチド）の中核である．その酸化型である NAD$^+$ は電子密度の低い芳香環で

図 3.4　クラウンエーテルによる一置換アンモニウム塩の認識

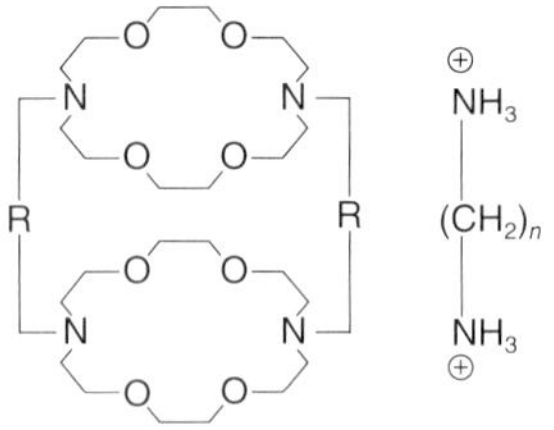

42   第3章 クラウンエーテル

3-10

図 3.5 2 つのクラウンエーテルを結びつけた認識場によるアンモニウム塩の長さ認識

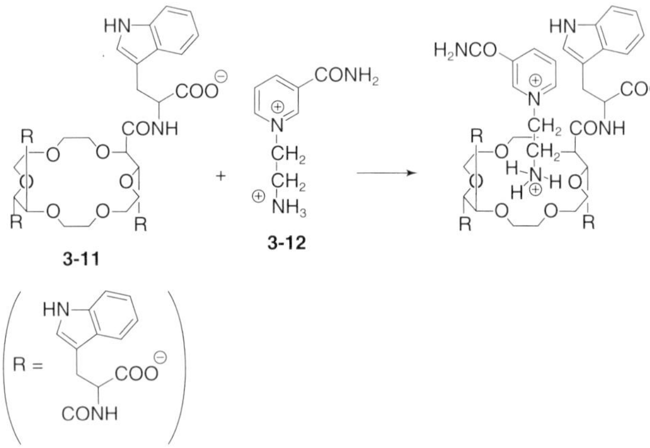

図 3.6 CT 相互作用との組合せによる NADH モデル化合物の選択的な認識

あるピリジニウム塩が特徴的である．電子密度の高い芳香環をもつトリプトファンで修飾されたクラウンエーテル **3-11** は，クラウンエーテルとアンモニウム塩との相互作用に CT 相互作用を組み合わせて，NAD^+のモデル化合物となるニコチンアミド誘導体 **3-12** を高度に認識する（図 3.6）．

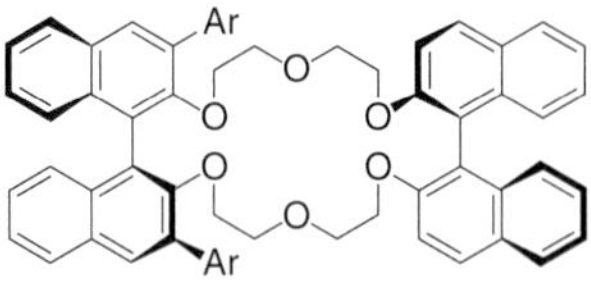

3.5 能動輸送　*43*

3-13

図3.7　ビナフチル環を組み込んだ不斉クラウンエーテル

　クラウンエーテルに効果的な不斉場を組み込むとアンモニウム塩
の不斉を認識することができる．とくに，光学活性ビナフチル環を
クラウンエーテルに組み込んだ**3-13**（図3.7）はきわめて効果的で，
アミノ酸の光学分割用 HPLC カラムの担体として，きわめて高い
性能をもっている．

3.5　能動輸送

　生体系では，細胞の内外でのナトリウムイオンとカリウムイオン
の濃度のアンバランス（3.3節）を維持するために，細胞内から細
胞外へ細胞膜を通してナトリウムイオンが常に汲み出され，逆に細
胞外から細胞内へとカリウムイオンが常に汲み出されている．浸透
圧に従って濃度の高い方から低い方へとイオンが移動するのにはエ
ネルギーは必要としないが（受動輸送），濃度が低い方から高い方
へとイオンを輸送するのにはエネルギーが必要である．このよう
に，エネルギー勾配に逆らって行う物質の移動を能動輸送とよぶ．
能動輸送は生体系に特徴的な過程である．
　人工的な能動輸送は，クラウンエーテルのイオン認識能とアゾベ
ンゼンの光異性化を利用して初めて達成された．トランス体のアゾ
ベンゼンをもつクラウンエーテル**3-14**は環員数が小さいのでカリ

44 第 3 章 クラウンエーテル

コラム 5

Cram と Lehn

1987 年のノーベル化学賞を Pedersen とともに受賞したのは，D. J. Cram と J. -M. Lehn である．いずれも，1967 年の Pedersen の論文に衝撃を受け，それをきっかけに分子認識の研究に身を投じたのである．

1967 年に Lehn はまだ 28 歳で大学にポストを得たばかりであった．Lehn はクラウンエーテルの立体化を目指し，クリプタンド **3-18**（3.7 節）や分子の形状を認識する **3-10** などを開発していった．さらに，らせん構造をもつ分子集合体を構築するなどして，本書のタイトルともなる「超分子」という概念を確立させたことは 3.1 節で述べたとおりである．超分子に魅了された多くの若い研究者が，アイデアにあふれた年齢の近いリーダーである Lehn の研究室の門をたたいている．

1967 年に Cram は 48 歳であった．この時点で，Cram は有機合成化学の分野で（とくに，当時花形であった立体選択的合成の研究で）すでに著名な化学者であった．カルボニル化合物の反応の立体選択性についての成果は，クラム（Cram）則とよばれて広く流布していた．また，Cram の著した有機化学の教科書は優れた教科書として有名である．しかし，Pedersen の論文を読んだ Cram は新しい化学の扉が開いたことを悟り，すべてを捨てた．そして，クラウンエーテルとそれに関連する分子認識の研究を猛然と開始したのである．

最初の偉大な成果は，キラルなクラウンエーテルによるアンモニウム塩の不斉認識であった．そこには，不斉反応に対する Cram の経験が十分に活かされている．Cram らの開発したキラルクラウンエーテルのなかでもとくに **3-13** は，アミノ酸の不斉識別でいまだに並ぶもののない，とてつもない性能を発揮している．その後 Cram は，イオン認識部位だけでなく，4.3 節と 4.4 節で述べるような疎水相互作用を利用した分子認識部位についても，きわめて多彩なさまざまな特性をもった化合物群を作り出し，分子認識の地平線を大きく広げた．Cram の 1967 年の決断は正しかったのである．

ウムイオンに対する親和性が低い．**3-14** のアゾベンゼンをシス体に光異性化した **3-15** ではクラウンエーテルが同じ側を向く．**3-15** の2枚のクラウンエーテルは協調してカリウムイオンを間に挟むように錯形成するのに適した配置となっており，カリウムイオンに対する親和性が高い．

3-14 ⇌ (hν / Δ) **3-15**

図 3.8 は，クラウンエーテルを用いて，油相を通したイオン輸送を行う実験系である．U字管の底にクロロホルム相があり，両側に

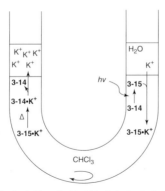

図 3.8　光エネルギーによるアゾベンゼンのシス-トランス異性化をエネルギー源とするカリウムイオンの能動輸送

46 第3章 クラウンエーテル

カリウムイオンを含む水相が乗せてある．カリウムイオンは油相の
クラウンエーテルに捉えられ，もう一方の水相で放出されることで
輸送される．これは，細胞膜を通したイオン輸送に相当し，何もし
なければ，カリウムイオンは濃度が高い方から低い方へ受動輸送さ
れる．ここでクラウンエーテルとして **3-14** を用い，カリウムイオ
ン濃度の低い水溶液がある側だけ光照射する．**3-14** はカリウムイ
オンに対する親和性の高いシス体 **3-15** に光異性化して低濃度のカ
リウムイオンをつかまえる．この錯体が，カリウムイオンの濃度の
高い水溶液がある側で親和性の低いトランス体 **3-14** の錯体に戻る
と，カリウムイオンを放出する．その結果，カリウムイオンを濃度
の低い側から高い側に能動輸送することができる．

3.6 鋳型効果

カテコール **3-4** と **3-2** からジベンゾ–18–クラウン–6 **3-5** を合成す
る際（図3.9），塩基として何を使うかによって収率が大きく違う．
最も収率が高いのは，塩基としてカリウム塩（たとえば炭酸カリウ
ム）を使った場合である．この理由のひとつは，フェノラートイオ
ンの反応性が対カチオンによって異なり，対カチオンがカリウムイ
オンであるときに反応性が比較的高いことにある．しかし，最も重
要な理由は，カリウムイオンが環化の鋳型としてはたらき，クラウ
ンエーテルの構造を導くことにある．

クラウンエーテル合成に限らず，環状化合物を合成する反応は，
必ず重合反応と競合する．すなわち，環化の最終段階で，分子内で
反応が起これば環状化合物が得られるが，分子間で反応が起これば
重合体が生成する．とくにクラウンエーテルのような大環状化合物
を合成する場合には，環化反応と重合反応の間にエネルギー的な差

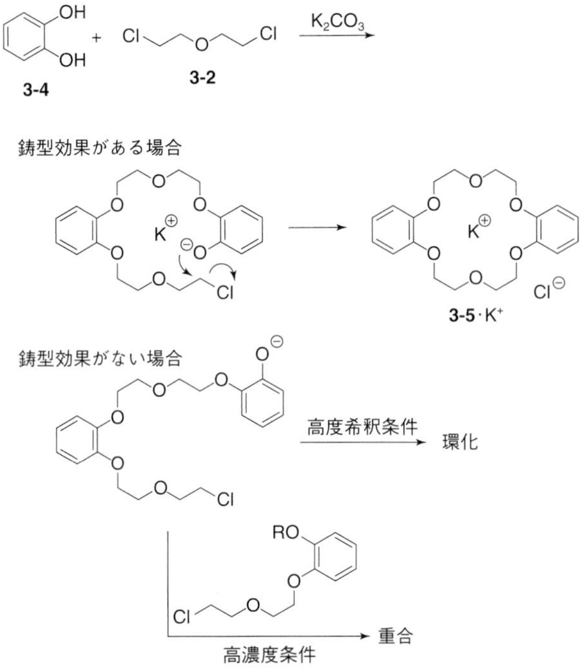

図3.9　鋳型効果による効率的な環化反応
鋳型効果がない場合には，環化には高度希釈条件を必要とする.

はないので，環化反応になるのか重合反応になるのかを決めるのは
確率だけである.

　環化反応の確率を上げる方法のひとつは，高度希釈条件下で反応
を行うことである．環化反応は分子内反応であるので濃度の影響を
受けないが，重合反応は分子間反応であるので，重合反応の速度は
濃度の2乗に比例する．したがって，濃度を下げれば下げるほど
環化反応の確率が高くなる．しかし，濃度を下げると全体の収量が

48   第3章　クラウンエーテル

下がるので，高度希釈条件下で反応を行いながら大量の生成物を得るのは難しい．

　それに対して鋳型効果を用いれば，高濃度条件で，大量の生成物を得ることと環化反応の効率を上げることを両立できる．**3-5** の合成においては，**3-5** がカリウムイオン選択的なクラウンエーテルなので，環化の1段階前のポリエーテルの大きさは対カチオンのカリウムイオンのサイズに合っている．したがって，ポリエーテルはカリウムイオンに巻き付くように錯形成し，そのとき，求電子中心はフェノラートアニオンのごく近傍に，しかも，環化に都合の良い位置関係で存在することになる．そのため，フェノラートアニオンが分子内アルキル化されるための実効濃度は非常に高くなっており，分子内反応である環化反応が優先して起こることになる．

　このように，鋳型効果は環化反応の効率を高くするための方法として導入された．後に，鋳型効果は，鋳型によってどの環化体が生成するのか，環化体の構造を選択することも可能にした．

3.7　事前組織化

　クラウンエーテルはなぜその内孔のサイズと一致するイオンを認識するのであろうか．内孔径よりも大きいイオンをクラウンエーテルの内孔に収めることはできないから，大きいイオンに対して配位が弱くなるのは当然である．一方，内孔径よりも小さいイオンは，クラウンエーテルの内孔に余裕をもって収まるはずである．にもかかわらず，実際には，クラウンエーテルの配位力は，その内孔径よりも小さいイオンに対しては低下する．

　クラウンエーテルによるアルカリ金属イオンの認識は，クラウンエーテルがアルカリ金属イオンに対して単に配位相互作用すること

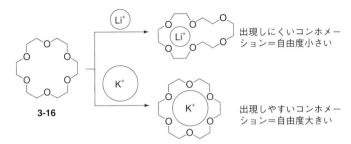

図 3.10 クラウンエーテルの選択的な錯形成
自由度の低下を招かないように，その内孔のサイズと一致するイオンと選択的に錯形成する．

(ΔH の低下) だけによって発現しているのではない．クラウンエーテルは環状構造であるため，あらかじめイオンへの配位に都合の良い形をとっている．このことがクラウンエーテルの高いイオン認識能を生んでいる．クラウンエーテルは，図 3.10 に示すように，その内孔径と合ったサイズのイオンに対しては，自身の無理のないコンホメーションをことさらに変えることなく，そのまま配位することができる．それに対して，クラウンエーテルがその内孔よりも小さいイオンに配位しようとするならば，小さいイオンに配位するように，わざわざ特別の（出現頻度の低い）コンホメーションを取って配位に対応しなければならない．これは，クラウンエーテルのコンホメーションの自由度が低下すること（ΔS の低下）を意味している．このような自由度の低下の分，イオン半径の小さいイオンに対する配位能力は低下する．

このように，配位する前のコンホメーションが，配位した後のコンホメーションと一致するようにあらかじめ整えられていると，自由度の低下が抑えられ，強い認識能を示すようになる．このことを

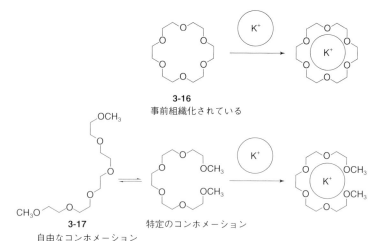

図 3.11 事前組織化されていないポリエーテルは強く錯形成できない

事前組織化（preorganization）とよぶ．事前組織化が精密であればあるほど，同じ相互作用部位でも強い分子認識が可能になる．

18-クラウン-6 **3-16** がカリウムイオンの非常によい配位子であるのに対して，対応するポリエーテル **3-17** がカリウムイオンに対して弱くしか配位しないのも事前組織化の典型的な例である（図3.11）．ポリエーテルは柔軟な構造をもち，コンホメーションに非常に高い自由度をもっている．**3-17** は **3-16** と同様のかたちでカリウムイオンに配位することはできるが，そのためには，**3-17** のポリエーテル鎖がもっていたコンホメーションの自由度を捨てなければならない．すなわち，**3-17** はカリウムイオンへの配位に対して事前組織化されていない．**3-16** が典型的なクラウンエーテルとして高度に事前組織化されているのと対照的である．そのため，同じような配位を取ることができるにもかかわらず，**3-17** はカリウム

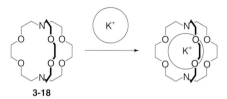

図 3.12 高度に事前組織化されているクリプタンドによる強い錯形成

イオンに対してよい配位子とはならない．

　二環性のクリプタンドは単環性のクラウンエーテルよりもコンホメーションの自由度がさらに低い．そのため，クリプタンド **3-18** はカリウムイオンへの配位に対して **3-16** よりもさらに高度に事前組織化されている（図 3.12）．**3-18** とカリウムイオンの錯体は，**3-16** とカリウムイオンの錯体よりも約 10^4 倍安定である．

3.8 エンタルピー–エントロピー補償則

　分子認識においては，疎水相互作用の場合を除いて，系のエンタルピーを低下させる（負の ΔH）ような発熱的な相互作用の導入が重要である．しかし，錯形成の強さを決めるのは錯体の安定性，すなわち，自由エネルギー変化（$\Delta G = \Delta H - T\Delta S$）であるので，相互作用の強さ（$\Delta H$）だけでなく，エントロピー（＝系の自由度）の変化（ΔS）も分子認識の強さと選択性に決定的な影響を及ぼす．

　式 (3.1) のように，分子 A と分子 B が溶液中で相互作用して，錯体 A・B を形成する系を考える．

$$\mathrm{A} + \mathrm{B} \rightleftharpoons \mathrm{A \cdot B} \tag{3.1}$$

錯形成をする前には，A と B との間には距離に対しても方向に対

しても制約はない．しかし，錯形成をすると，AとBの間の距離
も方向も，錯体の形状によって決まってしまう．したがって，錯形
成は自由度を低下させる（負の ΔS の）過程であり，エントロピー
的には不利な過程である．

　相互作用が強くなり，エンタルピー変化が大きく（ΔH が負に大
きく）なると，AとBはより固く結びつき，それぞれの分子のも
つ自由度，すなわち，エントロピーも大きく低下する（ΔS が負に
大きくなる）．$\Delta G = \Delta H - T\Delta S$ であるため，相互作用の導入によっ
て低下したエンタルピーのすべてが自由エネルギーの低下に反映す
るわけではないことになる．

コラム 6

疎水相互作用の温度依存性

　分子間相互作用は基本的に引力的であるが，疎水相互作用だけは斥力的で
ある（第2章）．疎水相互作用は水素結合ネットワークから追い出された疎
水性化合物どうしが「はぐれ者の吹き溜り」のように集まっているもので，
その特徴は ΔS が正であることにある．そのため，疎水相互作用の温度依存
性は他の相互作用と異なり，温度が高くなると強くなる（より水から追い出
される）傾向がある．

　しかし，水素結合そのものは温度が高くなると弱くなる（ΔS が負である）
ので，温度が高くなると水中の水素結合ネットワークは寸断されていく．こ
のことは，高温での水の誘電率の低下として現れる．そのため，温度を十分
に上げると水素結合ネットワークは形成されなくなり，疎水性分子は水の中
から追い出されなくなる．このように，疎水相互作用の温度依存性は複雑で
ある．非常に高温では，水は「親水性」ではなくなり，疎水性化合物をよく
溶解するようになる．

3.8 エンタルピーーエントロピー補償則　　53

　エントロピーの低下が相互作用によるエネルギーの利得をどれだけ削るかは，クラウンエーテルがどれだけ事前組織化されているかによって決まる．事前組織化されていない **3-17** のようなポリエーテルでは，エンタルピーの利得の 90% 以上がエントロピーで失われる．**3-16** のように事前組織化されると，クラウンエーテルの構造によらず，失われるエントロピーの分はエンタルピーの利得の 70% 程度にまで低下し，安定な錯体を形成するようになる．高度に事前組織化されている **3-18** のようなクリプタンドではエンタルピーの利得の 40% しかエントロピーで失われない．これをエンタルピーーエントロピー補償則という．

　このように，分子認識系においては，一般に ΔH も ΔS も負であるため，ΔG（$=\Delta H - T \Delta S$）の値は T が小さいところで負，T が大きいところでは正となる．すなわち，一般に，錯体は温度が低いところで安定となり，分子は低温でより強く認識される．

第4章

疎水相互作用による分子認識場

4.1 疎水ポケット

触媒作用をもつタンパク質は酵素とよばれる．タンパク質はアミノ酸の縮合体である．天然にはそれぞれ残基の異なる20種のアミノ酸があり，それらがどのような順序で縮合するかによってタンパク質の機能が決まる．酵素は細胞液という水溶液中で，疎水相互作用により，親水性の残基を外側に，疎水性の残基を内側に向けるようなコンホメーションを取り，その内部に反応を行うための場（反応場）を作り上げる（図4.1）．

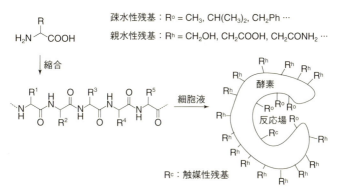

図4.1 水溶液（細胞液）中での疎水相互作用による酵素の反応場の形成

酵素の反応場では，疎水性アミノ酸残基がとくに集まって疎水的な空間をつくっている部分がある．酵素の基質は一般に疎水的な部分と親水的な部分を併せ持つが，酵素は細胞液という水溶液の中ではたらいているので，基質はその疎水的な部分を反応場の中の疎水的な空間に滑り込ませ，反応場の中に保持される．この疎水的な空間を疎水ポケットとよぶ．

酵素の三次構造によって空間的に配置された疎水性残基は，その酵素に応じた形の疎水ポケットをつくる．基質は，その疎水部の形と大きさが疎水ポケットによく一致するときに強く保持される（図4.2）．このことは，クラウンエーテルがその内孔の大きさと構成元素に応じてイオンを認識することとよく対応している．

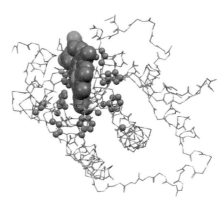

図 4.2　ヘモグロビンの分子構造
グロビン（タンパク質，簡略化した分子模型で示している）のつくる疎水ポケットにヘム（活性をもつ疎水性分子，原子半径を反映した分子模型で示している）が収まっている．グロビンの溝状の疎水ポケットには疎水性アミノ酸残基（小さい球体で示してある）が集まっている．

有機置換基を空間的に適切に配置すれば，疎水ポケットに相当する人工疎水場を構築することができる．疎水相互作用は方向性をもたないため，クラウンエーテルでみられたような厳密な分子認識をすることは困難であるが，人工疎水場でも，その内孔の形と大きさを基質の形と大きさに合せることで，疎水ポケットにみられるような基質の選択性を発現することができる．

4.2　シクロデキストリン

デンプンはグルコースがα-1,4-結合で連なったらせん状のポリマーである．このらせんを1周分だけ切り取ったような，グルコースがα-1,4-結合で連なった環状化合物をシクロデキストリン（デキストリンは低分子量のデンプンのこと）という．シクロデキストリンはそれを構成するグルコース単位の数により区別され，6個のものをα体，7個のものをβ体，8個のものをγ体とよぶ．シクロデキストリンはグルコース単位をパネルとした筒のような構造をしている（図4.3）．

グルコースのヒドロキシ基はすべてエクアトリアル方向にあるので，グルコースをパネルとして見ると，パネルの面の水平方向に対しては親水的であるが，垂直な方向には疎水的である．そのため，シクロデキストリンは，その筒状構造の縁にある親水性のヒドロキシ基で水溶性を示し，その際，筒の内側に疎水場を形成する．

シクロデキストリンがその疎水環境に取り込むことのできる疎水性化合物は，シクロデキストリンの環をつくるグルコース単位の個数，すなわち，シクロデキストリンの内孔のサイズに大きく依存する．疎水性化合物として芳香環を取り込む場合，α-シクロデキストリンはベンゼン環を，β-シクロデキストリンはナフタレン環を，

58 第4章 疎水相互作用による分子認識場

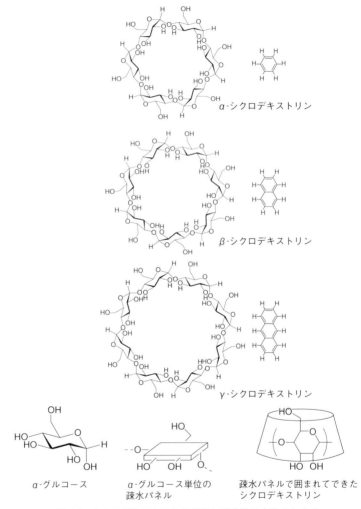

図4.3 シクロデキストリンの構造と疎水性の内孔の大きさ
グルコースは内側が疎水的なパネルのような構造をしている．

γ-シクロデキストリンはアントラセン環をそれぞれ選択的に取り込む．内孔が大きくなるにつれて適合する基質が大きくなる関係は，クラウンエーテルでみられた関係と同様である．

γ-シクロデキストリンの疎水内孔はベンゼン環よりもかなり大きい．にもかかわらず，γ-シクロデキストリンにベンゼン環が1枚だけ入った錯体は安定ではない（図4.4）．これは，γ-シクロデキストリンの内孔にベンゼン環が1枚だけ入っているとき，余った疎水空間には水が入り込むなど，空間を埋めるための何らかの対応をしなければならないからである．すなわち，γ-シクロデキストリンはベンゼン環1枚との錯形成に対して事前組織化されていない．ただし，γ-シクロデキストリンは2枚目のベンゼン環を取り込むことで「すき間」を埋め，安定な錯体をつくることもできる．すなわち，基質側が事前組織化されているなら，それに応じた分子認識が可能になる．クラウンエーテルの場合には基質がイオン性であるため，基質側の事前組織化が難しいことと大きく異なる．

シクロデキストリンは，安価に大量に入手できるだけでなく，そ

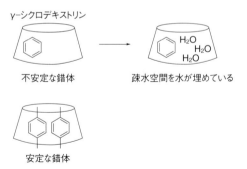

図4.4 γ-シクロデキストリンの疎水内孔はベンゼン環が2枚セットであるなら取り込むことができる

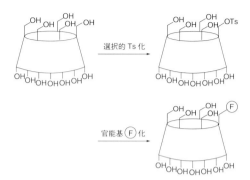

図 4.5 シクロデキストリンの第一級ヒドロキシ基の選択的なトシル化とそれを利用した官能基化

のヒドロキシ基が容易に官能基化できることから,さまざまな利用がなされてきた.とくに,第一級ヒドロキシ基のうち1つだけを選択的に官能基化することが可能になってからは,酵素の反応場における疎水ポケットに類した疎水場の構築が可能になり,基質に応じた疎水場を提供できる超分子の構成単位として,その応用範囲が拡大している(図 4.5).

4.3 シクロファン

ベンゼン環を疎水的な「板(パネル)」として利用すると,容易に疎水的な空間を作り出すことができる.ベンゼン環を立体的に「立てる」ためにはベンゼン環を m 位あるいは p 位で連結して環状にすればよく(図 4.6),そのような化合物を一般にシクロファン(cyclo=環状の,phane=芳香環)とよぶ.

シクロファンで疎水環境をつくるにはジフェニルメタンの部分構

m-シクロファン　　*p*-シクロファン　　ジフェニルメタン

図 4.6　シクロファンとジフェニルメタン

造が有効である．ジフェニルメタン骨格を適切なスペーサーで連結することにより疎水場を作り出すことができる．シクロファンはそのままでは水に溶けないので，疎水相互作用をはたらかせるには，アンモニウム塩やカルボン酸塩など，シクロファンに水溶性を付与するための親水性官能基の導入が必要である．ジフェニルメタン骨格とスペーサーと親水性官能基の組合せは自由に選ぶことができるので，さまざまな大きさと形状をもつ疎水場を目的に合わせて作り出すことができる（図 4.7）．

疎水場の形状を制御した例として不斉の導入が挙げられる．図 4.8 に代表的な不斉シクロファンの例を示す．いずれも，ねじれた

図 4.7　疎水場をもつ代表的な水溶性シクロファン

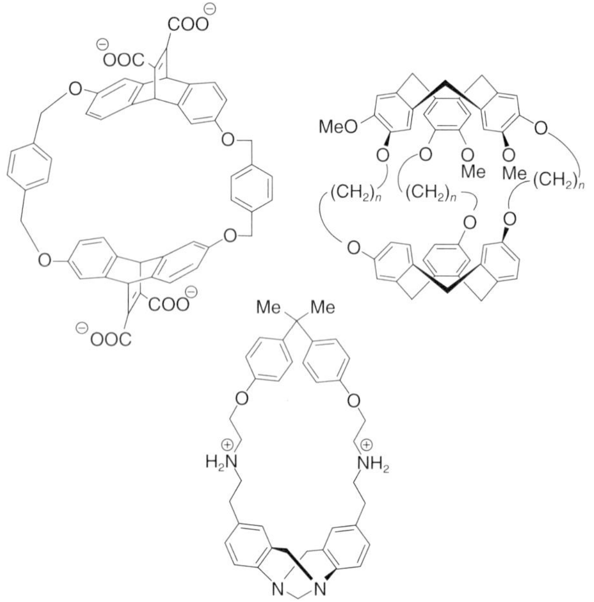

62   第4章　疎水相互作用による分子認識場

図 4.8　面不斉をもつシクロファン

芳香環を不斉源（面不斉）とすることで高度に不斉な環境をつく
り，優れた不斉認識能を実現している．このように，疎水空間の形
状を自由に制御できることは人工化合物の特徴である．天然分子で
あるシクロデキストリンは不斉をもつが，高度な不斉環境をもたな
いので，不斉認識への応用は限られている．

4.4　カリックスアレーンとレゾルシノアレーン

　フェノール類を酸あるいは塩基を触媒としてアルデヒドと反応さ

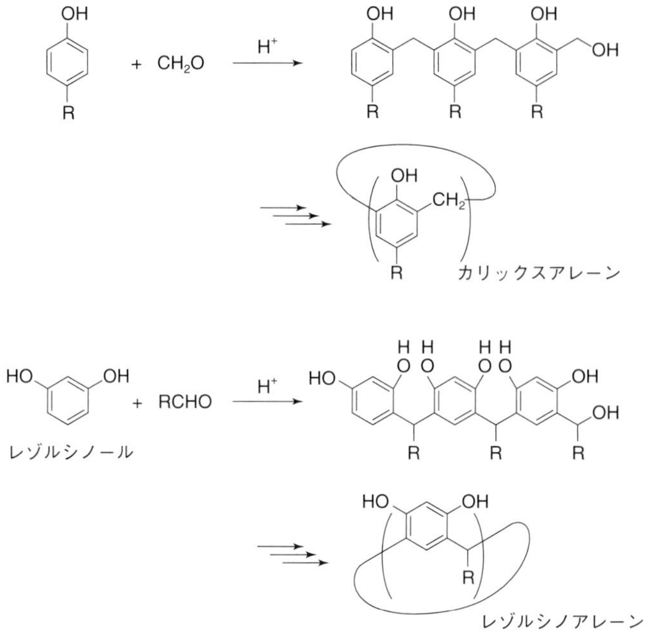

4.4　カリックスアレーンとレゾルシノアレーン　　*63*

図 4.9　カリックスアレーンとレゾルシノアレーン

せると，芳香環のメチレン化が進行する．置換基と反応条件を選ん
で反応を行うと，三次元網目構造の発達を抑え，シクロファンを得
ることができる．このとき，ヒドロキシ基の配向性のため，導入さ
れるメチレン基は一般に互いに *m* の位置関係になる．このように
して一置換フェノールから得られるシクロファンをカリックスア
レーン，レゾルシノールから得られるシクロファンをレゾルシノア
レーンとよぶ（図 4.9）．
　メチレン化反応は平衡反応であり，シクロファンの環員数とアル
デヒドに由来する置換基（R）の立体配置は反応条件によって熱力

64 第4章　疎水相互作用による分子認識場

学的に決まる.

　n 個の芳香環からなるカリックスアレーンは [n] カリックスアレーンとよばれる.［4］カリックスアレーンには, cone（円すい）, partial cone（部分的な円すい）, 1,2-alternate（交互）, 1,3-alternate とよばれる4つの代表的コンホメーションがある（図4.10）. 無置換の［4］カリックスアレーンではコンホメーションは固定されていないが, フェノールの4位あるいはヒドロキシ基上にかさ高い置換基を導入すると芳香環の反転が抑えられ, コンホメーションが固定される. 一方, レゾルシノアレーンはヒドロキシ基と

コラム 7

カリックス

　カリックス calix は「聖杯」と訳される. 聖書によれば, イエスは処刑される前夜に弟子たちを集め, 最後の晩餐といわれる会食を行った. イエスはぶどう酒で満たされた杯を取り,「これは私の血である」と言って弟子たちに飲ませた. 聖書の「ルカによる福音書」には, そのときイエスが「わたしの記念としてこれを行いなさい」と言ったとある. そこで, キリスト教会ではこの晩餐を記念した儀式を定期的に行う. 儀式の中身は宗派によってさまざまであるが, 杯に入れたぶどう酒（あるいはぶどうジュース）を皆で飲むのは共通である. このときに使われる杯（コップ）のことを calix という. カリックスアレーンは, その形を calix に見立てて名づけられている.

　一方, calix は最後の晩餐で実際に使われた杯そのものをさすこともある. イエスが用いた杯には聖なる力が宿るとされ, Calix の行方をめぐるじつにさまざまな物語がある. calix をめぐるさまざまな文化的背景が「カリックス」アレーンという名前を印象深くしている. カリックスアレーンにはさまざまな「力」が期待されるが, その名前が期待を後押ししているところもあるのかもしれない.

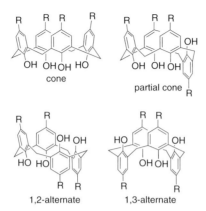

図 4.10 [4]カリックスアレーンの 4 つのコンホメーション

うしの水素結合のため cone 型になりやすく，とくに長鎖アルキル基をもつアルデヒドを用いて合成されたレゾルシノアレーンは安定な cone 型コンホメーションをもつ．

cone のカリックスアレーンは m 型のシクロファンであるためお椀形をしており，このお椀の内側で疎水相互作用によりさまざまな疎水性の分子と相互作用することができる．しかし，疎水空間がそれほど深くないだけでなく，とくに構成芳香環の数が増えるとコンホメーションが定まらなくなり，有効な疎水場をつくらなくなる．そのため，カリックスアレーンは，それ自身を疎水認識場として用いることよりも，環状多官能性化合物として，より高度な分子認識場を構築するための枠組みとして利用することのほうが多い．

4.5 ミセル

疎水性置換基と親水性置換基を併せ持つ化合物を，両親媒性化合

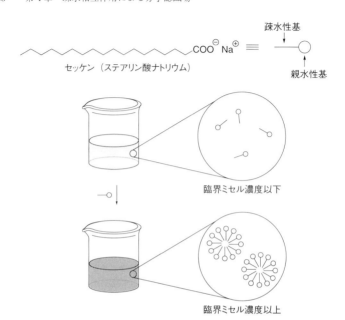

図 4.11 ミセルの形成
両親媒性化合物は臨界ミセル濃度以上で集合してミセルを形成する．

物とよぶ．疎水性置換基として長鎖アルキル基を，親水性置換基としてカルボン酸塩をもつセッケンは典型的な両親媒性化合物である．図 4.11 に示すように，模式的に表すときには，親水性基は丸で，疎水性基は棒で表現される．セッケンはカルボン酸塩であるので水に溶ける．そのとき，疎水性のアルキル基は水から出ようとするが，共有結合のためにそれを果たすことはできない．そのため，セッケンの水溶液がある程度濃くなると，疎水相互作用のためにアルキル基が集合し，親水性のカルボン酸塩部を外側に向けたような分子集合体を形成する．このような集合体をミセルとよび，ミセル

の形成が始まる濃度を臨界ミセル濃度という．したがって，ミセルの半径は両親媒性化合物の分子の長さと同程度になる．

　ミセルは疎水場としてはたらき，水中のさまざまな疎水性化合物をミセル内部に集積することができる．セッケンの洗浄作用もこのようにして発現する．ミセルのつくる疎水場は形状の定まったものではないため分子の形状を認識することはできないが，水との間に広い界面をもつことになるので，物質の出入りを必要とする疎水場として利用することができる．また，ポリマーでミセルをつくると，1分子でミセルとなることも可能になり，サブミクロン（μm）サイズで粒子径を制御することもできる．

4.6 LB 膜

　両親媒性化合物の水溶液の濃度が薄い（臨界ミセル濃度以下の）とき，疎水性置換基が水との接触を避けようとし，親水性置換基が水と接触しようとする結果，両親媒性化合物は水の表面を覆うことになる．この表面を圧縮すると，両親媒性化合物は密に並び，単分子膜が得られる．この状態で壁を上げ下げすると，壁に単分子膜を写し取ることができる．このようにして，壁として使った基板の上に写し取った単分子膜をLB（ラングミュア・ブロジェット（Langmuir–Blodgett））膜とよぶ．

　基板の上にLB膜をつくるとき，水面上の単分子膜を圧縮しながら基板を引き上げるようにして作製すると，水面下にある親水性基側が基板に押し付けられるので，疎水性基を表面とするLB膜がつくられる．逆に，基板を引き下げるようにしてLB膜をつくると，疎水性基側が基板に押し付けられ，親水性基を表面とするLB膜がつくられる．このように，LB膜には単分子膜のどちら側でも自由

68 第4章 疎水相互作用による分子認識場

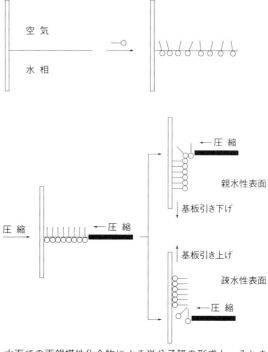

図 4.12 水面での両親媒性化合物による単分子膜の形成と,それを基板に写し取ってつくられる LB 膜

に写し取ることができる(図 4.12).

　LB 膜はそれ自身が高度な分子集合体であるが,繰り返し基板に写し取ることで何層にも重ねることができ,分子単位で配列が高度に制御された多層膜としても利用することができる.

4.7 ベシクル

　両親媒性化合物を水に溶かしたときにミセルができるのは，親水性置換基に比べて疎水性置換基の断面積が小さく，両親媒性化合物が集合したときに表面の曲率が大きくなるからである．図4.13に示すホスファチジルコリン **4-1** はリン脂質とよばれる一群の両親媒性化合物の代表的な化合物である．**4-1** は2本の疎水性置換基をもち，疎水部は親水性置換基と同程度の断面積をもつ．そのため，**4-1** が集合しても表面の曲率は小さく，ミセルとなることはできない．しかしそうすると，疎水性のアルキル基が水と接触することになってしまう．それを避けるために，**4-1** の集合体は裏表になるようにさらに集合して，膜をつくることになる．このような膜のことを脂質二重膜とよぶ．一般に，疎水部と親水部の太さが同程度であると脂質二重膜がつくられる．

　脂質二重膜の「端」では疎水性のアルキル基がむき出しになってしまう．そこで，脂質二重膜は「端」をつくらないように閉じて球体をつくる．この球体の大きさは分子サイズよりもはるかに大きく，ミクロンからサブミクロンのオーダーである．このような，脂質二重膜からできた巨大な球体をベシクルとよぶ．ミセルは内側が疎水空間であったのに対し，ベシクルの内側は水相である．すなわち，ベシクルは水の中に脂質二重膜という油の膜で区切られて浮かんでいる水の玉ということになる．

　生物の基本単位は細胞であるが，細胞膜はリン脂質でできた脂質二重膜である．細胞の中には核やミトコンドリアなどのさまざまな細胞内小器官があるが，その多くはやはり脂質二重膜でつくられている．すなわち，細胞は多くのベシクルを内部にもつ巨大ベシクルであるといえる．細胞や細胞内小器官は，それをつくる脂質二重膜

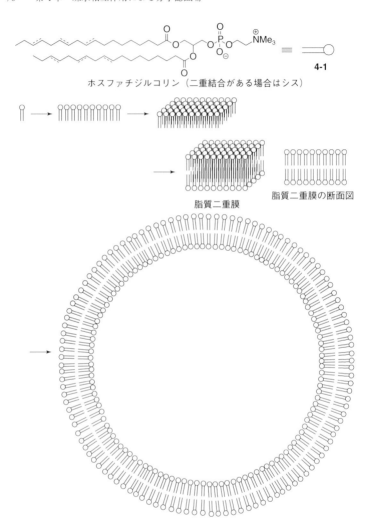

図 4.13 太い疎水性基をもつ両親媒性化合物を水に溶かしたときの脂質二重膜の形成と、それが閉じることによるベシクルの形成

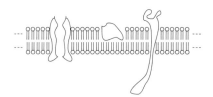

図 4.14 チャンネルタンパク質やレセプターが埋め込まれた細胞膜のモデル

にタンパク質などのさまざまな機能性の分子を埋め込んで,外部と情報や物質をやり取りしたり,その機能を営んだりしている(図4.14).このような機能性の分子は,疎水相互作用によって膜の中に埋め込まれる.

4.8 触媒作用をもつ分子認識場

疎水場に触媒性の官能基をもたせると,有機化合物を取り込んだ状態で,その有機化合物に触媒反応を起こさせることができる.これは,酵素がその反応中心に存在する疎水ポケットで基質を認識して取り込み,反応中心の触媒性官能基で基質を反応させているのと同様である(4.1 節).

シクロデキストリンの 2 位と 3 位のヒドロキシ基は分子内水素結合によりプロトン解離が促進されており,アニオン性が高く,比較的高い求核性を示す.シクロデキストリンの水溶液に酢酸フェニル **4-2** を加えると,疎水性の高いフェニル基がシクロデキストリンの疎水性内孔に取り込まれる(図 4.15).このとき,シクロデキストリンの求核性の高いヒドロキシ基は **4-2** のエステル基のごく近傍に位置し,**4-2** は速やかにヒドロキシ基の求核攻撃を受けて,フェノールが放出される.アセチル化されたシクロデキストリンは,そ

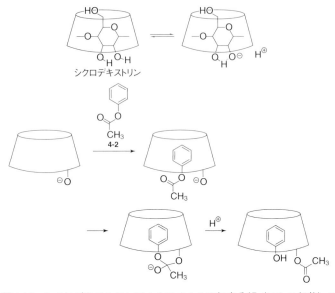

図 4.15 シクロデキストリンによるエステルの加水分解（アシル転位）の触媒作用

の後速やかに加水分解され，**4-2** の加水分解が完了する．このような仕組みは，加水分解酵素の触媒反応の仕組みと同様であり，シクロデキストリン自身が，その疎水内孔を基質認識部位として利用した加水分解触媒となっている．

図 4.16 に示すように，チアゾリウム塩は，ビタミン B_1 の主要部で，ピルビン酸の脱炭酸反応や芳香族アルデヒドのベンゾイン縮合反応などを触媒する特徴的な触媒性官能基である．ビタミン B_1 はこれらの反応を制御する酵素の反応中心に存在し，その酵素に取り込まれた基質の反応を触媒している．チアゾリウム塩と酸化還元活性を有するフラビンを組み込んだシクロファン **4-3** は，ピルビン酸

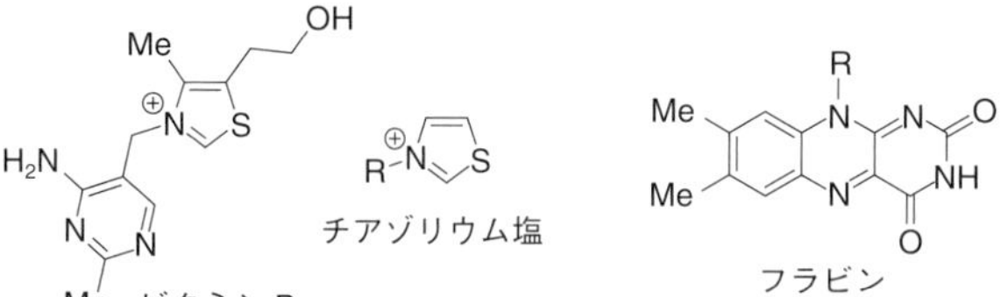

4.8 触媒作用をもつ分子認識場 73

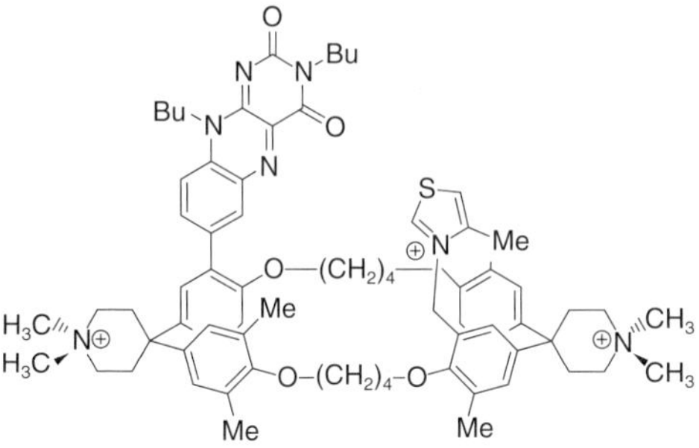

図 4.16 チアゾリウム塩とフラビンで修飾されたシクロファンを触媒とするア
ルデヒドのエステルへの酸化
　疏水場をもつことで酵素と同レベルの触媒活性を発現する.

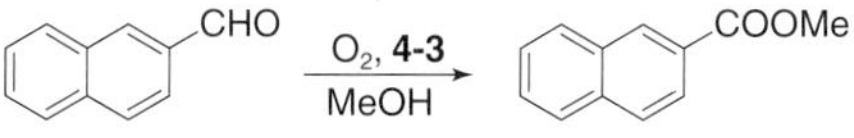

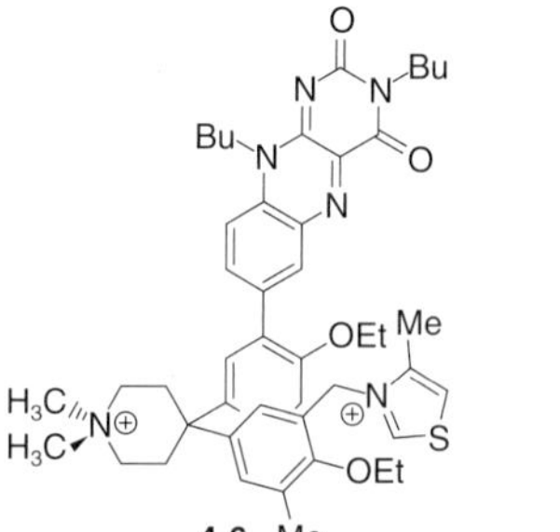

の酸化的脱炭酸を触媒する酵素を模してつくられたものであり，メタノール中でその疎水内孔に芳香族アルデヒド **4-4** を取り込んだとき，**4-4** を対応するメチルエステル **4-5** に酸化する反応を触媒する．このときチアゾリウム塩は，取り込まれた **4-4** の反応するアルデヒドの近傍に位置することになるので，**4-3** の触媒活性は酵素の活性に比較できるほどであり，フラビンとチアゾリウム塩の単なる混合物やシクロファン構造をもたないような **4-6** の触媒活性よりも圧倒的に高い．

4.9 反応場の形と触媒作用

反応場での触媒作用は，反応場の中での基質の位置と自由度と触媒性官能基の位置との関係に依存する．

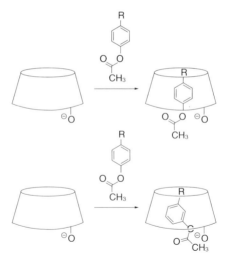

図4.17 基質の形と反応場の形が合うときに触媒作用が強くなる

4.9 反応場の形と触媒作用　*75*

　シクロデキストリンを触媒とする酢酸フェニルの加水分解を，
フェニル基にアルキル基を置換したもので行うと，置換基の位置に
よってシクロデキストリンの示す触媒活性は異なる傾向を示す．す
なわち，p 位にアルキル基が導入されるとシクロデキストリンの触
媒活性が低下するのに対して，m 位に置換基をもつ基質に対して
シクロデキストリンは高い触媒活性を示す．置換基がかさ高くなる
に従ってこの効果は顕著になる．酢酸フェニルにアルキル基を導入
すると，m 体でも p 体でもシクロデキストリンとの錯形成は促進
されるので，シクロデキストリンへの取込み過程が触媒活性を決め
ているわけではない．これは，直線状の p 置換体ではアセチル基
がシクロデキストリンの中央に向くのに対して，屈曲した m 置換
体では，シクロデキストリンの疎水場の形に合わせるために，アセ
チル基が，求核性のヒドロキシ基のある縁の方に向くことによるも
のと考えられている（図 4.17）．すなわち，触媒活性は加水分解触
媒活性をもつヒドロキシ基と反応するアセチル基の位置関係によっ
て決まる．かさ高いアルキル基はアセチル基の位置をより固定し，
触媒活性に対して大きな影響を与える．

　このように，疎水場の形と基質の形の関係によって触媒活性は大
きな影響を受ける．しかし，疎水場による分子認識は明確な方向性
をもたないため，疎水相互作用だけで疎水場の中での基質の配置を
精密に制御することは難しい．基質の構造に合わせて，水素結合な
どの方向性をもつ相互作用との組合せにより，触媒活性の向上が図
られている．

第5章

水素結合による分子認識

5.1　DNA

　生物はその体をつくるためのすべての情報をDNAという分子に書き込んでいる．DNAはリン酸エステルでできた高分子鎖上に，核酸塩基とよばれる4つの含窒素化合物が並んだ構造をしている．この4つの核酸塩基は情報を記す文字に相当し，それぞれ，アデニン（A），グアニン（G），シトシン（C），チミン（T）の4文字である．すなわち，DNAとはAGCTの4つの文字が書き込まれたテープのようなものである（図5.1）．ヒトの場合，30億文字ほどがDNAに書き込まれている．これは図書館1つ分ほどの情報量である．ヒトが高度に進化しているからといってヒトのDNAが特別に多い文字数をもっているわけではなく，ある種の細菌には7,000億ほどの文字数をもつものもある．

　4つの核酸塩基は2つの組に分かれ，AはTと，GはCと互いにぴったりと水素結合する．また，水素結合した状態でAT対とGC対がDNAの主鎖に結合する角度と距離は厳密に等しい．そのため，DNAは単なるテープではなく，AT対とGC対を枕木とする電車のレールのように，平行な2本のテープの対になる．水素結合によるAT対とGC対の形成はDNAの機能の根幹である．生物の固有の情報は，DNAがAとT，GとCで対をつくるように複製される

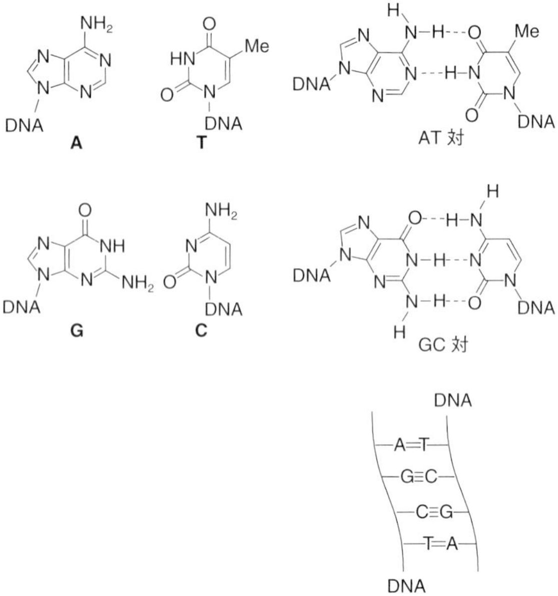

78　第5章　水素結合による分子認識

図 5.1　DNA で情報を担う 4 つの核酸塩基（A,G,C,T）とその間の水素結合

ことで，物質的に複製される．子どもが生きた人間となって生まれてくるのは，30 億個もの核酸塩基が間違いなく対をつくるからである．すなわち，水素結合の正確さが生き物の生存を保証していることになる．

5.2　相補的水素結合

　AとTの水素結合対では2本の水素結合しかはたらいていないが，Aの5位にアミノ基を導入するとTとの水素結合を増強する

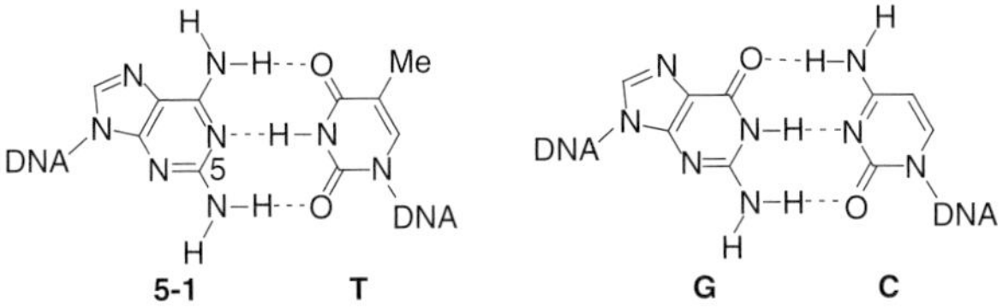

5.2 相補的水素結合

図5.2 相補的な水素結合対

ことができる．5-アミノアデニン **5-1** はTとは3本の水素結合で強く結びつく（図5.2）が，CやGとでは水素結合の組合せが悪く，安定な水素結合対をつくることはできない．逆に，CやGは **5-1** やTと安定な水素結合対をつくることはできない．このようなとき，「**5-1** とTは相補的である」あるいは「CはGの相補的な塩基である」という．

相補的な水素結合対で，水素結合に関与する部分だけを取り出す

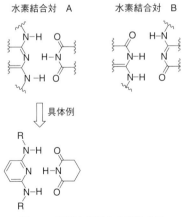

図5.3 単純な相補的水素結合対

80 第 5 章 水素結合による分子認識

と図 5.3 のようになる．したがって，この部分構造をもたせることで，核酸塩基そのものを用いなくてもさまざまな水素結合性の人工分子認識部位を構築することができる．対称性が高く構築しやすいのは A のパターンであり，方向性があって向きを揃えることができるのは B のパターンである．A のパターンの例には 2,6-ジアミノピリジンと環状イミドの組合せがある．いずれも合成しやすく，対称性が高いので相補的な水素結合対の基本形としてよく用いられる．

相補的な水素結合対としては，カルボン酸とアミジンの組合せも

コラム 8

二重らせん

DNA といえば，その美しい二重らせん構造で有名である．DNA の構造を見出したワトソンは『二重らせん（原題：The Double Helix）』という本を書いた．題名のどこにも DNA の文字がないにもかかわらず，誰もがそれを DNA の本であると認識するほど，DNA と二重らせん構造は結びついている．二重らせん構造があまりにインパクトが大きかったため，成書でもしばしば，「DNA は二重らせん構造をもつのでその機能を発揮できる」というような記述がみられる．

しかし，二重らせん構造に特別の意味を見出してはいけない．

二本鎖であることには意味がある．水素結合によって A と T，G と C が厳密に対をつくることによって DNA の複製や RNA（リボ核酸）への情報の転写が保障されているからである．しかし，それは DNA が常に二本鎖でなければならないことを意味するものではない．複製や転写の際には二本鎖は解離状態に変化する（そうでなければ複製も転写もできない）．DNA がその機能（複製や転写）を発揮するとき，DNA は（その一部分が）一本鎖なのである．複製

5.2 相補的水素結合 *81*

優れている（図5.4）．そのままでは2点での水素結合対であるが，カルボン酸は酸として，アミジンは塩基としてはたらくため，プロトン移動したかたちが安定な塩構造となり，強い錯体をつくる．

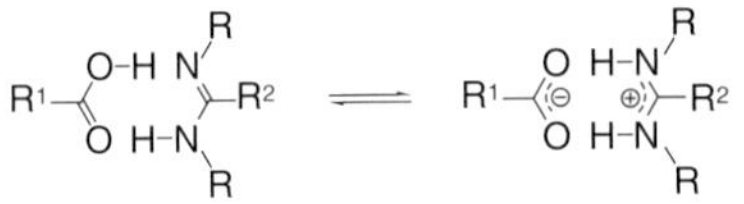

図5.4　カルボン酸とアミジンの間の相補的水素結合対

や転写を行うためには，水素結合で正確にAとT，GとCの対がつくられればよく，二本鎖で存在することは本質的なことではない．生物がDNAを発明する前の世界ではRNAが遺伝情報を担っていた（現在でも多くのウイルスは遺伝情報をRNAでもつ）が，多くのRNAは二本鎖構造を取らずに存在する．

　一方，らせん構造には「美しい」という以上の意味はない．DNAがAとT，GとCの対をつくって存在するとしても，鉄道のレールのように真っ直ぐな構造でも何の問題もない．実際，通常DNAは右巻きだとされるが，左巻きのらせん構造も知られている．ではなぜDNAはらせん構造を取るのであろうか．それは，DNAのポリリン酸エステル主鎖に含まれるデオキシリボースがキラルな化合物だからである．デオキシリボースのキラリティーは，DNAというポリマーにキラリティーを誘起し，それはらせんという形で現れる．すなわち，DNAがらせん構造をもつのは分子構造の結果であり，らせん構造をもつことによって遺伝物質となったわけではない．

　しかし，イメージは大事である．二重らせん構造の強烈なインパクトが多くの人々を惹きつけ，分子生物学の隆盛をもたらした．二重らせん構造の最も重要な点はその宣伝効果にあるのかもしれない．

5.3 多点水素結合

　AやBのパターン（図5.3）を組み合わせることで，水素結合による高度な（基質選択能の高い）分子認識場を構築することができる．図5.5に示すようにジアミノピリジンを2個連結した**5-2**は，生理活性物質であるバルビツール酸と相補的な水素結合場となり，バルビツール酸を基質選択的に認識する．**5-2**のアミノ基はいずれもアシル化されており，分極のため，強く水素結合するように設計されている．水素結合のアクセプターとして，カルボニル基の代わりにピリジンを利用することもできる．ピリジンを環状に配置した**5-3**は尿素の選択的レセプターとなる．尿素は強い分子間水素結合をもち，水素結合性溶媒である水には溶けるが有機溶媒には溶けない．しかし，**5-3**のように水素結合部位を配置すると，**5-2**の内側に尿素が水に溶けたときの水素結合を再現することができ，尿素は水に溶けるように**5-3**に取り込まれる．取り込まれた尿素は水素結合で安定に保持され，外部に水素結合が向かなくなるため，有機溶媒に溶解するようになる．

　このような（プロトン移動を含まない）水素結合による錯体形成においては，水素結合1本あたり約4 kJ mol^{-1}の自由エネルギー変化があり（室温付近），それを加算することで錯体の安定性をほぼ正確に予測することができる．

　AとBの間に相互作用がはたらいて錯体ABをつくる系で，ΔGの自由エネルギー変化があるとすると，錯体形成の平衡定数K_1は

$$K_1 = \exp\left(-\frac{\Delta G}{RT}\right)$$

になる．AとBの間にはたらく相互作用が2つに増え，自由エネルギー変化が$2 \times \Delta G$となったとすると，平衡定数K_2は

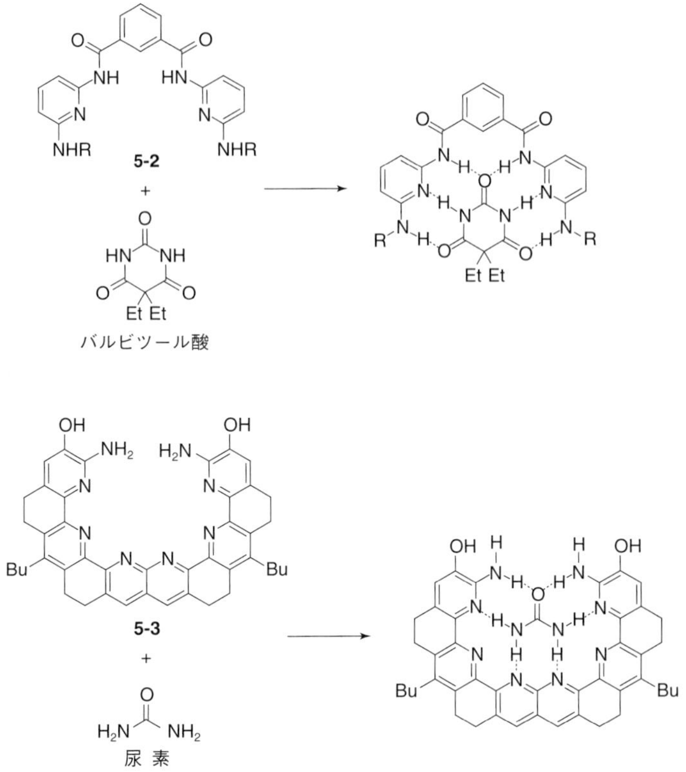

図 5.5 相補的結合対を利用したバルビツール酸や尿素の選択的認識場

$$K_2 = \exp\left(-\frac{2\Delta G}{RT}\right) = \exp\left(-\frac{\Delta G}{RT}\right) \times \exp\left(-\frac{\Delta G}{RT}\right) = K_1{}^2$$

となる．同様にして相互作用が3つに増えると，平衡定数 K_3 は $K_1{}^3$ となる．すなわち，自由エネルギー変化が相加的に作用すると，錯形成定数は相乗的あるいは指数関数的に増加する（図5.6）．実際

$$\mathrm{A} + \mathrm{B} \underset{}{\overset{K_1}{\rightleftharpoons}} \mathrm{A}\cdots\mathrm{B} \quad \Delta G \quad K_1 = \exp\left(-\frac{\Delta G}{RT}\right)$$

$$\mathrm{A} + \mathrm{B} \underset{}{\overset{K_2}{\rightleftharpoons}} \mathrm{A}\equiv\mathrm{B} \quad 2\,\Delta G \quad K_2 = {K_1}^2$$

$$\mathrm{A} + \mathrm{B} \underset{}{\overset{K_3}{\rightleftharpoons}} \mathrm{A}\equiv\mathrm{B} \quad 3\,\Delta G \quad K_3 = {K_1}^3$$

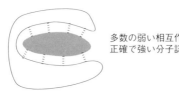

図 5.6　相互作用が集積すると錯形成定数は指数関数的に増大する
多数の相互作用の寄集めにより正確で強い分子認識が可能になる.

にわれわれが錯体の安定性として観測するのは錯形成定数のほうである．したがって，一つひとつの相互作用は弱くとも，多数の相互作用を寄せ集めることで非常に安定な錯体をつくることができる．また，そのように相互作用を集積することで，分子の形を正確に認識できるようにもなる．酵素やレセプターのような天然の分子認識場でも，弱い相互作用の集積で基質を正確に，しかも強く認識している．そのときに，水素結合は方向性のある相互作用として用いられ，水素結合部位が空間的に正しく配置されている（事前組織化されている）ことが厳密な基質認識にとって非常に重要である．

5.4　水素結合による超構造形成

図 5.5 で示したように水素結合が内側で完結していると，水素結合を利用した分子認識場がつくられる．それに対して，水素結合が外側に向いていると，水素結合によって分子が集合した凝集体が形

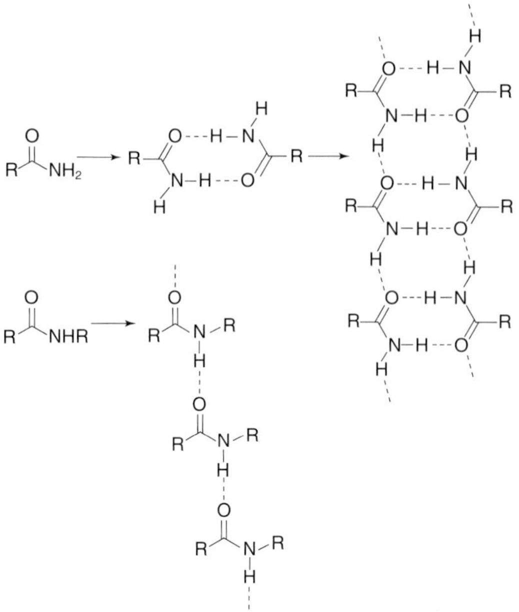

5.4 水素結合による超構造形成 *85*

図5.7 アミドの水素結合がつくる二次構造

成される．たとえば，アミドは互いに水素結合してテープ状の凝集
体を形成する（図5.7）．そのため，多くのアミドは有機溶媒に対
する溶解性が低く，水素結合を阻害するような極性溶媒にしか溶解
しない．

　また，タンパク質（ポリペプチド）は主鎖のアミド結合（ペプチ
ド結合）の水素結合によって，α-ヘリックスやβ-シートなどの二
次構造を形成する（図5.8）．

　アミドが水素結合によるテープ状の凝集構造をつくることを利用
すると，二官能性アミドから二次元シート状の分子集合体を形成さ

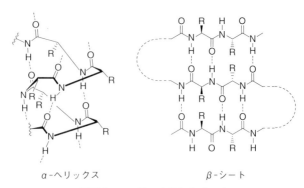

図 5.8　α-ヘリックスと β-シート
ペプチド結合の水素結合がつくる，タンパク質の中に見られる二次構造．

せることができる（図5.9）．このような集合体ではアミドを結ぶスペーサーによって空間がつくられ，この空間への小分子の取込みや，この空間よりも小さい分子だけを通過させるような分子ふるい効果を発現させることができる．

図5.5に示した **5-2** を二次元に拡張すると，図5.10のように多数の水素結合が協調したかたちで分子集合体をつくることもできる．

水素結合性部位をうまく配置すると，分子を折り曲げて，折り紙のように立体的な形を作り上げることもできる．図5.11に示す化合物 **5-6** は，水素結合が互いに組み合わさるように2分子が集合してカプセル状の構造体をつくる．この構造体では，水素結合性のすべての極性官能基が互いに組み合わさっているので，カプセルの内部は疎水空間となる．そのため，**5-6** 二量体カプセルはその内部にさまざまな非極性分子を詰めることができる．分子の構造によって，水素結合のパターンを変えることなくカプセルの大きさを変え

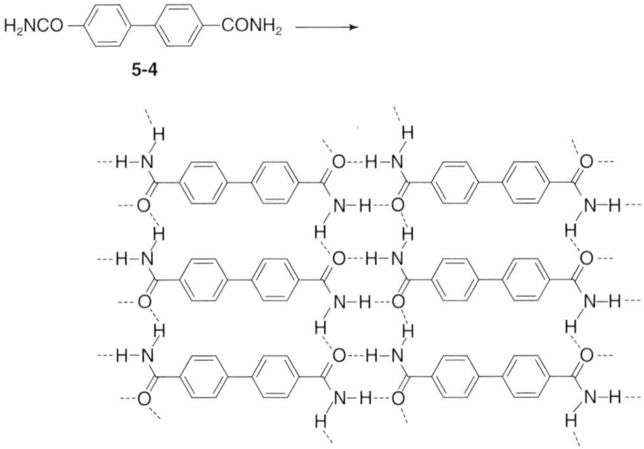

5.4 水素結合による超構造形成　87

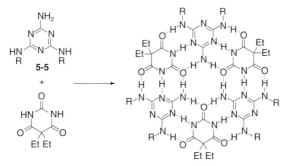

図 5.9　二官能性アミドがつくる二次元シート状構造体

図 5.10　相補的水素結合対を利用した二次元分子集合体

ることができ，目的の分子に応じた大きさのカプセルを水素結合で自動的に組み立てることが可能となる．

88　第5章　水素結合による分子認識

5-6

5-6（R=H）を横から見た図　　**5-6**（R=H）の水素結合による二量体

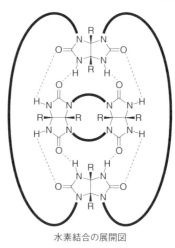

水素結合の展開図

図 5.11　水素結合による二量体形成とそれによる分子カプセルの自発的形成

5.5　自己複製

　水素結合は，方向性があるだけでなく可逆的な相互作用であるので，分子を正しい位置に配置するための相互作用として優れてい

コラム 9

部品が勝手に集まって時計を作ることができるか？

　「神は存在する」と論証するために，しばしば「生物のような複雑な存在をつくるには神が必須だ．時計の部品をバラバラにしていくら混ぜても時計はできないのに，どうして自然に生物が発生するはずがあろうか」という議論がなされる．神が実際にいるかどうかは別として，時計ができ上がらないのは，時計の部品が「バラバラにして混ぜ」たときに自然と時計に組み上がるようにつくられていないからである．時計の部品は，人間のように手と頭をもつ存在が組み立てるものとして作られている．生物をつくる分子は，分子間相互作用によって互いに位置が決まるから，「バラバラにして混ぜ」れば，少なくとも局所的には何らかの構造が形成される．人工的にも，分子間相互作用をうまく配置すれば，何種類もの分子を自己集合させることはできる．そこに命を吹き込むほどには，われわれは「命」というものを理解していないけれども．

　では，時計の部品を「バラバラにして混ぜ」たときに自然と時計に組み上がるように作ることはできないだろうか．最近，目に見えるサイズの物体の表面に分子間相互作用を担う構造をもたせると，「バラバラにして混ぜ」たときに勝手に自己集合して構造体を作り上げることがわかってきた．まだ簡単な構造や単純な（幾何学的な）構造までしか組み立てられないので，時計を組み立てるところまではいかないが，将来的には部品を「バラバラにして混ぜ」るだけで自然に組み上がるような時計を作ることもできるかもしれない．このような材料は，自己修復性の観点からも注目されている．

90 第5章 水素結合による分子認識

る．DNA の複製でも，核酸塩基の間の水素結合を利用することによって，正しい核酸塩基が正しい位置に置かれ，非常に精密に核酸塩基を写し取っている．

このように，正しい分子を正しい位置に置くことで，人工的な系でも自己複製を実現することができる．図 5.12 に示すように，アルデヒド **A** とアミン **B** が縮合すると，イミン **A-B** が生成する．ここで，イミン **A-B** の存在下でアルデヒド **A** とアミン **B** の縮合を行うと，**A** のカルボキシ基は **A-B** のアミジンと，**B** のアミジンは **A-B** のカルボキシ基とそれぞれ相補的であるので，**A** と **B** は **A-B** の上に保持されることになる．このとき，**A** のアルデヒド基と **B** のアミノ基はごく近傍にあるので，イミン形成は強く促進される．すなわち，**A-B** の存在により **A-B** の生成が加速される自己複製が起こることになる．

この系に **C** のようなアルデヒドを加えても，**C** はカルボキシ基をもたないので，たとえ **A-B** を加えても **B** との縮合は加速されない．したがって，**A-B** は，**C-B** のような，**A-B** とは異なるイミンの形成に寄与しない．あるいは，この系に **D** のようなアミンを加えたとき，**D** はそのアミジン部位で **B** と同じように **A-B** と水素結合するが，その場合，**A** のアルデヒド基とは位置関係が合わない．そのため，**A-B** は，**A-D** のような，**A-B** とは異なるイミンの形成にも寄与しない．このようにして，**A-B** は **A**，**B**，**C**，**D** の混在するなかで **A-B** それ自身の生成を選択的に促進する．

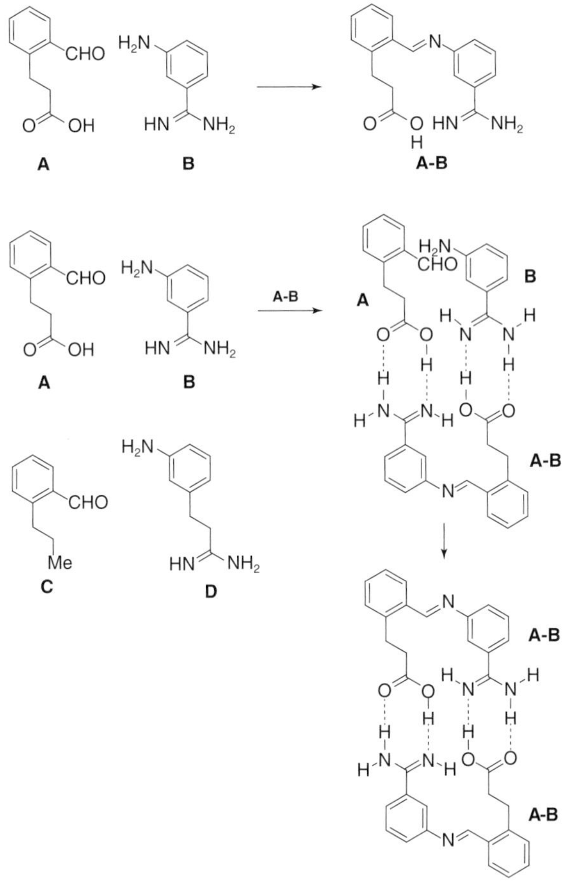

5.5 自己複製 *91*

図 5.12 人工的な分子の自己複製系
適切な形をした分子でないと複製されない.

第6章

分子協調作用

6.1 分子の協調

体の中では，あらゆる情報伝達は分子によって行われる．そのなかには神経系のように伝達先が明確なものもあるが，多くの情報伝達は，拡散や血液中への情報伝達物質の放出など，伝達先が明らかでないかたちで行われる．それにもかかわらず情報がきちんと伝達されるのは，その情報を受け取る側にレセプターとよばれるタンパク質があり，レセプターが情報伝達物質を受け取るからである．レセプターと情報伝達物質との間には，さまざまな分子間相互作用の集積としてきわめて選択的で安定な錯体が形成され，それによって間違いのない情報の伝達が完了する．

しかし，情報は伝達されただけで完了するものではない．情報を受け取ったレセプターが適切な応答をして初めて情報が伝達されたことが意味をもつ．たとえば，におい分子を受け取った臭細胞内のレセプターは，臭細胞に連結している神経系を興奮させることで脳ににおい分子を受け取ったことを知らせる（つまり，においを感じる）．たとえば，自然免疫系の細胞表面にあるレセプターは，外から侵入した細菌の表面の糖分子と結合すると細胞内にその情報を伝達して，細菌を撃退するための特定のタンパク質の産生を開始させる．

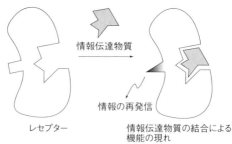

図 6.1 分子による情報の伝達
レセプターに情報伝達物質が結合して生成する複合体が情報を再発信する．

　情報伝達物質という分子のかたちで伝達された情報は，レセプターと複合体を形成することで受け取られ（図 6.1），複合体が情報伝達分子ともレセプター単独とも違う機能をもつことで情報の再発信が行われる．複数の分子の協調作用によってより高次の分子機能を発現することが，生命活動の本質であるということができよう．

6.2　アロステリック効果

　分子認識部位（レセプター）の基質認識力を制御する分子は調節因子とよばれる．調節因子による制御を受けるレセプターには，基質だけでなく調節因子と結合する部位もあり，その部位に調節因子が結合するとレセプターの形状が変化し，その結果，レセプターの基質認識力が変化する．このような調節因子による作用をアロステリック効果とよぶ．

　調節因子と基質は同一であってもよい．その場合，アロステリック効果がホモトロピック（homotropic）であるという．ホモトロ

・ヘテロトロピックで正のアロステリック効果

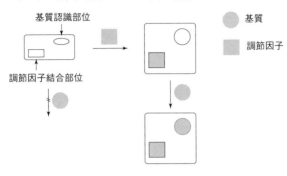

・ヘテロトロピックで負のアロステリック効果

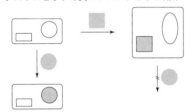

・ホモトロピックで正のアロステリック効果

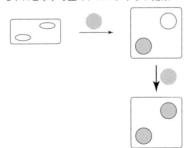

図 6.2 アロステリック効果

調節因子で基質が認識されるようになる場合はヘテロトロピックで正のアロステリック効果，調節因子で基質が認識されなくなる場合はヘテロトロピックで負のアロステリック効果，基質が調節因子ともなるときはホモトロピックという．

96   第6章　分子協調作用

ピックなアロステリック効果は，レセプターの作用にフィードバックをかけるはたらきがある．一方，調節因子と基質が異なる場合，アロステリック効果がヘテロトロピック（heterotropic）であるという．ヘテロトロピックなアロステリック効果は分子による情報伝達の手段となる．

　調節因子はレセプターの基質認識力を高くする場合と低くする場合がある．調節因子によってレセプターの基質認識力が高くなるとき，正のアロステリック効果とよぶ．逆に，調節因子がレセプターの基質認識力を下げるとき，負のアロステリック効果とよぶ（図6.2）．

6.3　ヘモグロビンのアロステリック効果

　脊椎動物は体の隅々まで酸素を運ぶために2種類のタンパク質を利用している．ヘモグロビンは赤血球の中にある色素-タンパク質複合体で，血液による酸素運搬作用を担っている（図4.2参照）．ヘモグロビンによって運ばれた酸素は筋肉中のミオグロビンという，やはり色素-タンパク質複合体に渡される．血液が赤いのはヘモグロビンのためであり，筋肉が赤いのはミオグロビンのためである．ヘモグロビンとミオグロビンには，ミオグロビンのほうが酸素親和力が強いという性質の違いがあるだけでなく，ヘモグロビンが四量体のかたちで存在するのに対して，ミオグロビンは単量体として存在するという違いがある．

　さて，ミオグロビンのほうが酸素親和力が高いのに，なぜ赤血球はヘモグロビンを使うのだろうか．1分子のヘモグロビンは1分子の酸素と結合するので，ヘモグロビン四量体は4分子の酸素と結合する．ヘモグロビン四量体の特徴は，そのなかのあるヘモグロビ

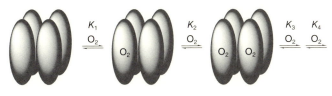

$K_1 < K_2 < K_3 < K_4$

図6.3　ヘモグロビン四量体と酸素の結合は正のアロステリック効果をもつ

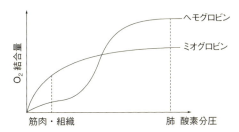

図6.4　酸素分圧とヘモグロビン，ミオグロビンへの酸素結合量との関係
ヘモグロビンではホモトロピックな正のアロステリック効果のため，S字形の曲線となる．

ンが1分子目の酸素と結合すると，結合による構造変化の情報が隣接するヘモグロビンに伝わり，2分子目の酸素との結合が起こりやすくなることにある．以下，ヘモグロビンに酸素が結合するたびにヘモグロビンの酸素親和力は増大していく．

これは，典型的なアロステリック効果である．この場合，ヘモグロビンの基質である酸素それ自身が調節因子となっており，酸素との結合が酸素親和性をさらに上げているので，ホモトロピックな正のアロステリック効果をもつということができる（図6.3）．

酸素分圧とヘモグロビン四量体に対する酸素結合量との関係を図6.4に示す．ヘモグロビンそのものの酸素親和力はミオグロビンよ

98 第6章 分子協調作用

りも低いが，酸素分圧が十分高くてヘモグロビン四量体がある程度
酸素と結合している状態では，ホモトロピックな正のアロステリッ
ク効果のため，むしろ，ミオグロビンよりも高い酸素親和性を示
す．

　肺は酸素分圧の最も高い組織である．そのため，ヘモグロビンは
肺から効率的に酸素を受け取る．一方，筋肉中の酸素分圧は低い．
血液に乗ったヘモグロビンが筋肉に達したとき，ミオグロビンは酸
素分圧の低いところでも酸素親和性が高いので，ヘモグロビンはミ
オグロビンに効率的に酸素を渡すことができる．このように，ヘモ
グロビン四量体の正のホモトロピックなアロステリック効果のた
め，酸素の受渡しがスムーズに進む．

6.4　人工分子によるアロステリック効果

　金属イオンへの配位を利用して，さまざまなヘテロトロピックな
アロステリック効果を示す分子認識場がつくられている．2,2′-ビ
ピリジルやエチレンジアミンのようなキレート配位子は遷移金属イ
オンに対する強い配位子で，アロステリック効果を実現するために
しばしば使われる．

　2,2′-ビピリジルは双極子モーメントが互いに打ち消しあう *s-*
trans コンホメーションが優先コンホメーションである．しかし，
2,2′-ビピリジルがキレート配位子として遷移金属イオンなどに配
位するときには *s-cis* コンホメーションを取る．

s-cis　　　　　　　*s-trans*

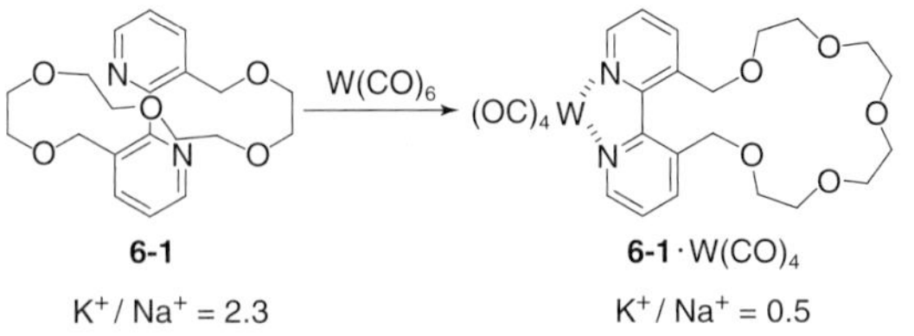

6.4　人工分子によるアロステリック効果　　*99*

6-1
K$^+$/ Na$^+$ = 2.3

6-1·W(CO)$_4$
K$^+$/ Na$^+$ = 0.5

図 6.5　2,2'−ビピリジルのコンホメーション変化によるヘテロトロピック
　　　なアロステリック効果
　　　　　調節因子は W 錯体.

　この大きなコンホメーション変化のため，2,2'−ビピリジルを組み込んだクラウンエーテル **6-1** は遷移金属錯体を調節因子とするアロステリック効果を示す．**6-1** は *s-trans* コンホメーションで広がった形をとり，**6-1** を用いてナトリウムイオンとカリウムイオンの混合溶液で，イオン輸送を行うと，カリウムイオンが選択的に輸送される．しかし，ここに W(CO)$_6$ を添加すると 2,2'−ビピリジル部位はタングステン（W）錯体に配位して *s-cis* に変化し，ナトリウムイオン選択性へと変化する（図 6.5）．

　銅(I)イオンには 2,2'−ビピリジルが 2 つ配位して四面体型錯体をつくる．2,2'−ビピリジルを両端にもつポリエーテル **6-2** は，そのままではカリウムイオンに対する親和性が低いが（3.7 節参照），銅(I) イオンを添加することでクラウンエーテルと同様の構造を取り（図 6.6），カリウムイオンに対する強い親和力をもつようになる．

　金属イオンへの配位を利用することで，疎水空間の形状もアロステリック効果により制御することができる．図 6.7 のようにエチレンジアミン部位を両端に有する双性イオン **6-3** は金属イオンの添加によりシクロファン構造をとり，向かい合ったジフェニルホスホン酸部位がつくる疎水場で疎水性分子を認識する．エチレンジアミン

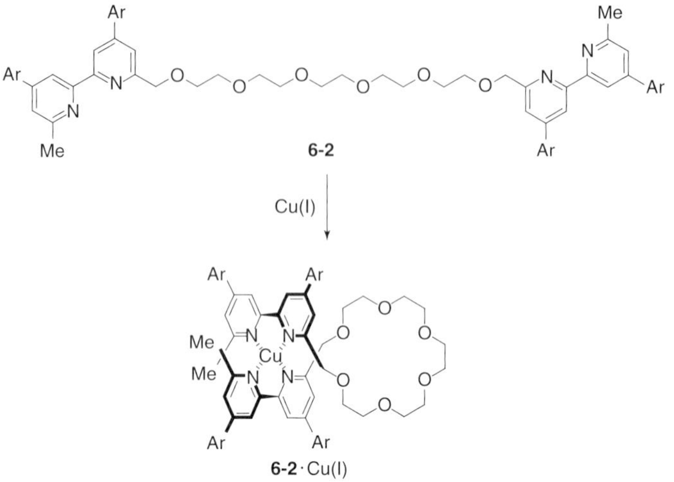

100 第6章 分子協調作用

図 6.6 2,2′-ビピリジルのキレート形成によるヘテロトロピックなアロステリック効果
調節因子は Cu(I) イオン.

は，Zn(II) には正四面体型で，Cu(II) には正方形型で配位するため，添加する金属イオンによって疎水場の形状と大きさが異なる．そのため，**6-4** と **6-5** に対する認識能を比較すると，**6-3** に Zn(II) を添加したときには **6-4** が，Cu(II) を添加したときには **6-5** が選択的に認識される．調節因子が異なることで，アロステリック効果の出力が異なるということになる．

調節因子と基質が異なるヘテロトロピックなアロステリック効果は比較的実現しやすいが，ホモトロピックなアロステリック効果を人工化合物で実現するのは難しい．人工化合物でホモトロピックなアロステリック効果を実現した例として，Ce(IV)イオンを挟んだダブルデッカー型のポルフィリン錯体 **6-6** が知られている（図

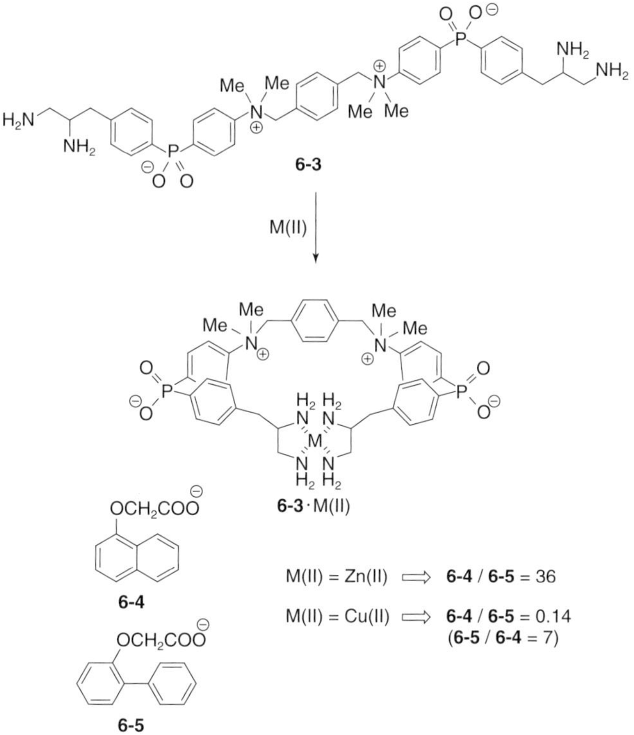

6.4 人工分子によるアロステリック効果 *101*

図6.7 エチレンジアミンのキレート形成によるアロステリック効果
調節因子が Cu(II) イオンであるときと Zn(II) イオンであるときでは選択性
が異なる.

6.8). **6-6** では上下のポルフィリン環は自由に回転している．ここ
に基質として不斉ジカルボン酸 **6-7** を加えると，ピリジンとカルボ
キシ基との水素結合のため，回転が止まると同時に2つのポルフィ
リン環の間にねじれが誘導される．このねじれはピリジン環と **6-7**
の水素結合によって誘導されたものであるため，他のピリジン環

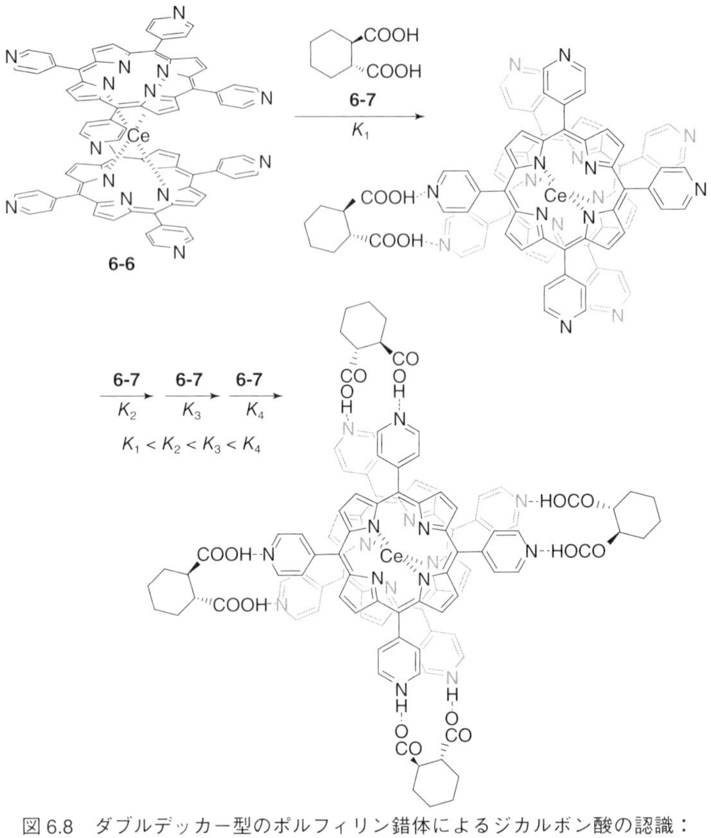

102 第6章 分子協調作用

図 6.8 ダブルデッカー型のポルフィリン錯体によるジカルボン酸の認識：ホモトロピックな正のアロステリック効果

も，**6-7** との水素結合に都合のよいねじれた位置関係をもつようになる．そのため，**6-7** との水素結合は次の **6-7** との水素結合を促進する．まさに，ヘモグロビンでみられるような，ホモトロピックな正のアロステリック効果がみられるのである．

6.4 人工分子によるアロステリック効果 *103*

しかし，似たような系でも逆に負のアロステリック効果を示すこともある．μ-酸素で架橋された鉄ポルフィリン錯体 **6-8** がもつホウ酸部位は，ジオールと環状ホウ酸エステルを形成する（図6.9）. **6-8** にジオールとしてグルコースを加えて第一のホウ酸エステルを

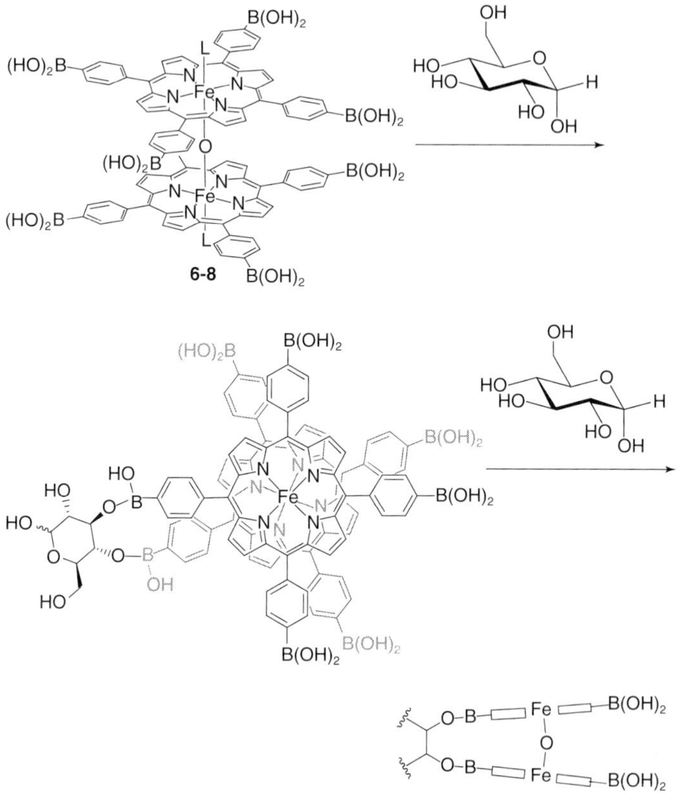

図6.9 ポルフィリン–Fe(II) 二核錯体によるグルコースの認識：ホモトロピックな負のアロステリック効果

104 第6章 分子協調作用

形成させると，2つのポルフィリン環が傾いてしまい，残るホウ酸部位はグルコースとのホウ酸エステル形成に適した位置関係を失う．そのため，**6-8** は最初のグルコースと結合すると，2個目以降のグルコースとの結合生成能力を失い，負のアロステリック効果を示す．このように，アロステリック効果が正になるか負になるかの違いはそれほど大きいものではない．それは生体系でも同様であり，ある分子情報系を刺激する化合物とよく似た化合物が，その分子情報系を阻害することがしばしばみられる．

6.5 集積錯体

Pd(II) 錯体は平面四配位で，Pd(II)イオンに配位子は正方形型に配位する．このうち2つの配位座をエチレンジアミンでブロックすると，残る配位座は直角に向くことになる．ここに4,4′-ビピリジルを配位させると，4つの Pd(II)イオンと4つの配位子が集積して正方形型の錯体 **6-9** ができる．

この錯体ができる過程は興味深いものである．図6.10に示すように Pd(II)イオンと4,4′-ビピリジルが順に配位していき，**6-9** の前駆体 **6-10** までできたとしよう．最後の4,4′-ビピリジルを2つの Pd(II) の間に置けば四角形錯体 **6-9** ができるが，4,4′-ビピリジルを **6-10** の分子内に置かなければならない理由はないようにみえる．別の分子の Pd(II)との間に分子間で4,4′-ビピリジルを置いてもよい．もしそうなれば，（曲がりくねった形ではあるが）直線的な，すなわち高分子状の集積錯体 **6-11** が生じることになる．したがって，単に直線的な4,4′-ビピリジル配位子と直角に向いた配位場をもつ金属イオンを混ぜればどのような場合でも四角形錯体 **6-9** ができるというわけではない．

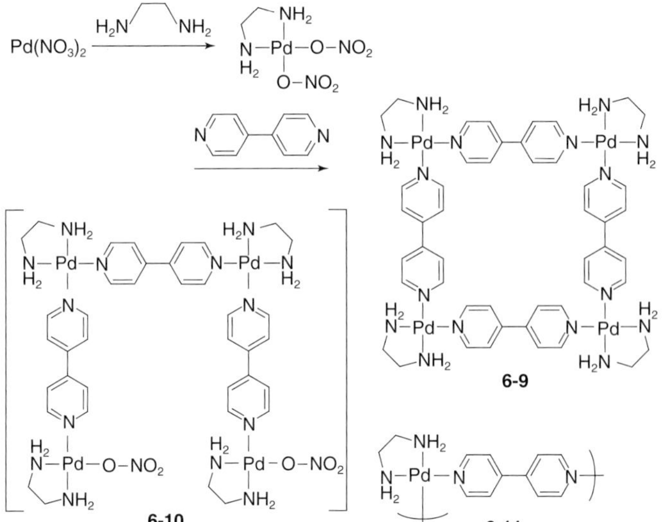

6.5 集積錯体 105

図 6.10 集積錯体：4,4'-ビピリジルと Pd(II) の錯形成による正方形型錯体
の形成

　6-9 のような特定の形状の集積錯体ができるためには，Pd(II)イ
オンへのピリジンの配位力がまず重要である．Pd(II) に対するピ
リジンの配位力は十分に強いが，わずかに平衡があり，配位は可逆
的である．そのため，「間違った」配位形式で配位したピリジン環
は，平衡過程で脱離し，「正しい」配位形式に置き換わることがで
きる．もし「正しい」配位形式で配位した錯体が熱力学的に十分に
安定であれば，「間違った」配位形式の錯体はいずれ「正しい」配
位形式の錯体に置き換わることになる．Pd(II)イオンと 4,4'-ビピ
リジルの組合せの場合，四角形の集積体 6-9 は直線的な集積体 6-11
に比べて熱力学的に安定であるため，錯体系は 6-9 に収束してい

き,高収率で **6-9** が得られるのである.

この記念碑的錯体を原形として,多数の金属イオンと配位子が集積したさまざまな錯体がつくられてきた.いずれも金属イオンへの配位子の可逆的配位を利用したもので,配位子と金属イオンを適切に選べば,その系で最も熱力学的に安定な集積錯体に収束していく.

正八面体型の集積錯体 **6-12** では,3 つのピリジン環をもつ配位子 **6-13** が 4 枚と 6 つの Pd(II) が集積している(図 6.11).この集

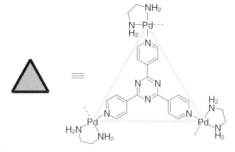

図 6.11 集積錯体:3 つのピリジン環をもつ配位子と Pd(II) の錯形成による正八面体形型錯体の形成

積錯体は非常に安定で，水中に4枚の **6-13** をパネルとした巨大な疎水場を作り出す．共有結合を用いて（第4章）**6-12** がもつような巨大な疎水場を構築するのは非常に困難であるが，集積錯体を利用すると大きな疎水場でも容易に構築することができる．

6-12 は疎水場に水中の有機物を取り込むので，反応場として利用することができる．**6-12** を反応場として用いることで，他の方法では不可能な反応制御が可能となっている．たとえば，アントラセン **6-14** とマレイミド **6-15** を **6-12** の中に取り込むと，疎水空間の形と大きさが限定されているので，**6-14** と **6-15** はアントラセン環の1,4-位とマレイミドの二重結合が重なるような位置関係で取り込まれる（図6.12）．そのため，**6-15** は **6-14** とアントラセン環の1,4-位で位置選択的にディールス・アルダー（Diels-Alder）反応

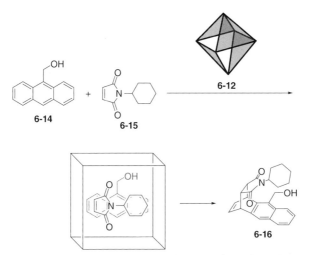

図6.12　正八面体型錯体を反応場とした反応の制御：位置選択的ディールス・アルダー反応

を起こし **6-16** を生じる．同じ反応を溶液中で行うと 9,10-位との間でディールス・アルダー反応が起こるので，位置選択性が大きく異なってくる．このように，反応する空間のサイズを分子と同じレベルにすることで反応の結果に大きな影響が表れる．**6-12** の疎水場のような反応空間を分子フラスコとよぶことがある．

　分子フラスコは外界から隔絶された空間なので，通常では不安定で取り出せない高反応性の中間体を長時間閉じ込めておくこともできる．**6-12** の中に閉じ込められたカルボニル錯体 **6-17** は光照射で

コラム10

エントロピーに支配される錯体

　集積錯体では，エネルギー的に安定な構造が形成される．では，どういう構造が安定なのだろうか？　単純な例として，配位座を 2 つもつ金属イオンと二座配位子があるとしよう．さまざまな集積錯体を考えることができる．

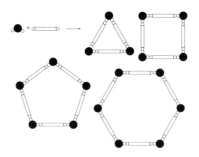

　金属イオンによって配位結合の間の結合角として許される値は異なるが，ここでは配位結合の結合角のことは考えないことにしよう．そうすると，どの集

6.5 集積錯体 *109*

一酸化炭素を 1 つ失い **6-18** となる．**6-18** は高反応性の 16 電子錯体で通常はただちに分解するが，**6-12** の疎水空間に閉じ込められたままではこれを分解する分子と出合わないため，長寿命を保つ．そのため，**6-18** は **6-12** の中に閉じ込められた状態で観測することができる（図 6.13）．

積錯体でも，金属イオン 1 つあたり 2 つの配位結合があるので，配位結合の形成によるエネルギーの低下は等しい．どの集積錯体も同じエネルギーをもっていて，選択性は生じないようにみえる．

　ところが実際は，最も安定な錯体は三角形のものとなる．それは，集積錯体が大きくなるにつれて拘束されるコンポーネントの数が増え，各コンポーネントが自由度を失っていくからである．失われた自由度はエントロピーの低下を招き，その分自由エネルギーが上昇する．たとえば三角形の錯体と六角形の錯体を比べよう．六角形の錯体ではすべてのコンポーネントはともに移動しなければならない．しかし，これが三角形の錯体 2 つに分裂すると，それぞれの錯体は別々に移動できるようになるので自由度が高くなり，エントロピーは増大する（自由エネルギーは下がる）．

　一般に，集積錯体の構造としていくつか考えることができるのであれば，集積するコンポーネントの数が少なければ少ないほど安定になる．したがって，大規模な集積錯体ほどつくりにくい．自然界では，多くのウイルスがきわめて多数のタンパク質が集積した巨大な外殻（エンベロープ）をもっている．結合角と配位子を精密に設計することで，ウイルスの外殻にも匹敵するような集積錯体もつくられている．

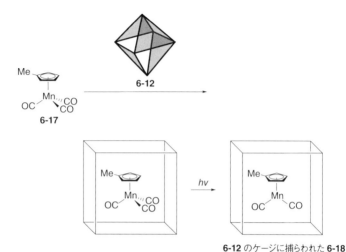

図 6.13　正八面体型錯体を反応場とした反応の制御：不安定化学種の動力学的安定化

6.6　MOF

　金属と配位子の組合せによって閉じた空間をつくる集積錯体に対して，空間を閉じずに開くようにすると，無限格子状の構造が得られる．たとえば，安息香酸銅(II) のピリジン錯体 **6-19** は図 6.14 に示すような，安息香酸イオンが互いに直交した二核錯体のかたちをしている．そのため，テレフタル酸銅(II)ピラジン錯体 **6-20** は，**6-19** の単位構造をそのまま三次元に拡張した無限格子錯体となる．

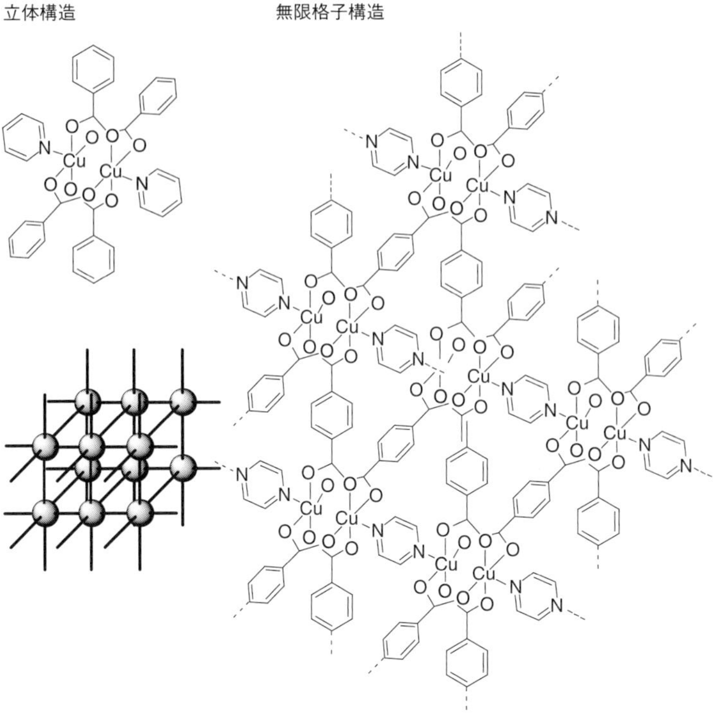

6.6 MOF 111

立体構造　　　　　　　　　無限格子構造

図 6.14　無限格子状の金属錯体（MOF）の基本構造と無限格子構造

このような，金属と有機配位子からできる無限格子を有機金属構造
体（metal organic framework：MOF）とよぶ．MOF は集積錯体と
同様に分子フラスコとしても使えるが，分子ふるいや，その広い表
面積を利用した気体吸蔵にも幅広い応用が期待されている．分子フ
ラスコとしては，同じ形をしたフラスコが規則的に並ぶ構造をして
いることから，分子を単結晶のように強制的に整列させる場として
も利用できる．

112 第6章 分子協調作用

6.7 動的共有結合

　金属イオンや配位子などいくつものコンポーネントが多数，正しく集積して分子集積錯体や MOF がきちんと形成されるためには，金属イオンへの配位子の配位が可逆反応であって，「間違って」形成された結合が熱力学的に「正しい」結合に修正されていく必要がある．同様のことが，共有結合でコンポーネントを集積する場合にもいえる．同じ共有結合でも，ある種の結合は反応条件や触媒によって可逆的に結合を開裂することができる．このような結合を動的共有結合とよぶ．

表 6.1　動的共有結合とその結合開裂条件

動的共有結合		結合開裂触媒（条件）
ジスルフィド	R−S−S−R'	ArSH
イミン	R−N=CH−R	H^+
オレフィン	R−CH=CH−R	グラブス（Grubbs）触媒
エステル	$$R-\overset{\overset{\displaystyle O}{\|\|}}{C}-O-R'$$	$R'O^-$
ホウ酸エステル	R−B(O−O環)	ROH
アセタール	$$RO-\overset{\overset{\displaystyle R}{\|}}{\underset{\underset{\displaystyle R}{\|}}{C}}-O-R'$$	H^+，ルイス（Lewis）酸
プロパルギルコバルト錯体エーテル	$$(CO)_3Co-Co(CO)_3 \equiv -CH_2-O-R'$$	H^+，ルイス酸

6.7 動的共有結合　*113*

　表 6.1 に動的共有結合の例を挙げる．動的にすることのできる共有結合は限られているため，構築できる構造に制限がある．しかし，「動的」共有結合は，その共有結合を「動的」にしている反応条件や触媒を取り除くと，通常の共有結合とすることができる．そのため，大環状化合物などの集積分子を作り上げるのに効果的である．とくに，超分子状態は，分子間相互作用で分子認識を行っている状態であるため，熱力学的に安定である．そのため，動的共有結合は，特定の基質を認識するためのホスト分子の構築や，超分子構造の構築にとくに威力を発揮する．

第7章

インターロックト分子

7.1 インターロックト構造

2つの大環状シクロアルカンが互いに貫通しあっているような分子を考えよう．この状態では，それぞれの大環状シクロアルカンは常に同伴しており，どこかのC−C結合を切断しなければ分離することはないし，どのような分離操作をしても，2つのシクロアルカンに分けることはできない．したがって，この状態はこのままで1分子であり，2分子の集積体ではない．このように，ある分子が貫

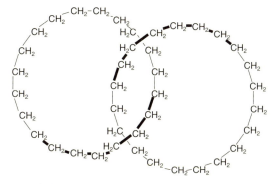

図7.1 2つの大環状シクロアルカンをコンポーネントとするインターロックト分子（カテナン）

通構造で一体（1つの分子）となっているとき，この分子をつくる構成要素（この例では大環状シクロアルカン）をコンポーネントとよぶ．コンポーネントの間には化学結合がはたらいていないにもかかわらず，全体として1分子として振る舞うので，各コンポーネント間には仮想的な結合がはたらいていると考える．この結合は機械的結合とよばれる．このように，いくつかの（必ずしも複数とは限らない）コンポーネントが絡み合ったり貫きあったりして機械的結合で結びつけられている構造をインターロックト（interlocked）構造とよび，インターロックト構造をもつ分子をインターロックト分子とよぶ（図 7.1）．

7.2 カテナン

カテナン（catenane）は，複数の大環状コンポーネントからなる代表的なインターロックト分子である（図 7.2）．1つの大環状コンポーネントは，もう一方の大環状コンポーネントをその内側に通すために，少なくとも二十員環程度の環員数をもっていなければならない．カテナンが n 個のコンポーネントからなるときに，$[n]$ カテナンとよばれる．コンポーネントの数が同じ n 個でもさまざまなインターロックト構造のものが考えられるが，通常は最も単純なインターロックト構造のものを $[n]$ カテナンとよぶ（図 7.2）．

[2] カテナン

図 7.2　2つのコンポーネントからなるさまざまなカテナン構造

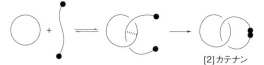

図 7.3　[2]カテナンの一般的な合成法
一方の輪に，もう一方の輪の前駆体を通してから環化させる．分子間相互作用を使うと輪に通る確率が飛躍的に増大する．

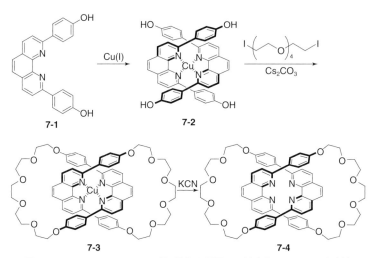

図 7.4　フェナントロリン–Cu(I) 錯体を利用した効率的なカテナン合成法

　[2]カテナンは，一方の大環状化合物にもう一方の大環状化合物の環化前駆体が通った状態から合成される（図 7.3）．しかし，環化前駆体が大環状化合物に「たまたま」通っている確率はきわめて低い．カテナンを合成するためには，両コンポーネントの間に強い分子間相互作用をはたらかせる必要がある．

　図 7.4 に示すように，フェナントロリン配位子 **7-1** は Cu(I) イオ

ンに互いに組み合うように配位する．**7-2** は非常に安定な錯体で，フェノールの間をアルキル化して環化すると，[2]カテナンを得ることができる．生成した **7-3** をシアン化物イオンで処理して Cu(I) イオンを外すと，コンポーネントの間に特段の相互作用のない[2]カテナン **7-4** とすることができる．

7.3 ロタキサン

　大環状コンポーネントに直鎖状のコンポーネントが通った状態で，直鎖状コンポーネントの両末端にかさ高い置換基を配置し，直鎖状コンポーネントが大環状コンポーネントから抜けられなくなった状態のインターロックト分子をロタキサン（rotaxane）とよぶ（図7.5）．n 個のコンポーネントからなるロタキサンを $[n]$ロタキサンとよぶ．カテナンと同様にコンポーネントの数が同じでも，さまざまなインターロック構造のロタキサンが考えられる．直鎖状コンポーネントの末端置換基が十分かさ高くなく，大環状コンポー

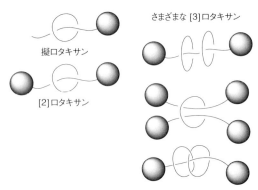

図7.5　ロタキサンと擬ロタキサン

7.3 ロタキサン   *119*

ネントから抜けることが可能なときは，擬ロタキサンとよばれる．

　カテナンと異なり，ロタキサンにはさまざまな合成法がある（図
7.6）．いずれも，各コンポーネント間に相互作用をはたらかせるこ
とでコンポーネントを集積させておき，インターロック構造を固
定することは共通である．代表的な合成法は，反応性官能基をもつ
直鎖状コンポーネントを大環状コンポーネントと集積させて擬ロタ

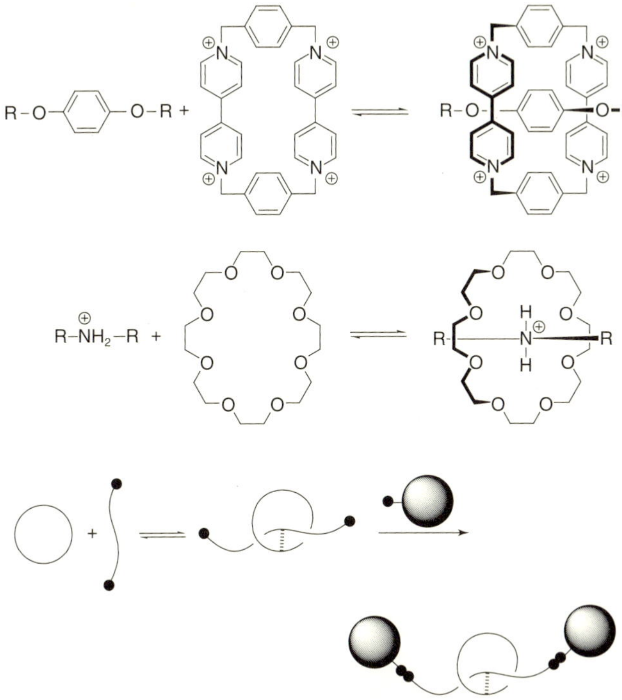

図 7.6　ロタキサンの代表的な合成法
CT 相互作用やクラウンエーテルとアンモニウム塩の間の相互作用で擬ロタキサ
ンを形成させ，直鎖状コンポーネントの末端を封鎖する．

120 第7章 インターロック分子

キサン構造としておき，かさ高い置換基と反応させることで直鎖状コンポーネントの末端を封鎖する方法である．コンポーネント間相互作用として，アルコキシ基をもつ芳香環と 4,4'-ビピリジニウム塩との間の CT 相互作用や，第二級アンモニウム塩とクラウンエーテルとの相互作用を利用した貫通型の錯体形成がよく利用される．

　ロタキサンの構造は，天然には DNA の修復酵素などでみられる．同様に，人工のロタキサンでも，直鎖状コンポーネント上での大環状コンポーネントの移動やそれに伴う反応の制御が試みられている．

コラム11

Sauvage と Stoddart

　2016 年のノーベル化学賞は「分子マシンの設計と合成」の功績に対し，J. -P. Sauvage, Sir J. F. Stoddart および，B. L. Feringa に与えられた．「分子マシン」とは，構造変化を直線運動や回転運動として取り出すことのできるような分子である．受賞した三氏のうち，Sauvage と Stoddart はロタキサンやカテナンを利用することで分子マシンを構築したのであるが（Feringa は特殊な二重結合を利用した），Sauvage と Stoddart の功績は，分子マシンを構築したということ以上に，ロタキサンやカテナンの一般的な合成法を確立したことが大きい．

　ロタキサンやカテナンが最初に合成されたのは 1950 年代である．以来さまざまな合成法が試みられたが，効率が良いものでも収率は 1% にはるかに及ばず，頭の体操と趣味の化学以外の何物でもなかった．

　そのようななか，Sauvage は 1983 年に **7-2** を利用することで（図 7.4），カテナンを効率的に得ることに成功した．これによって初めて，カテナンを何かに利用することも可能になったのである．続けて，Stoddart が CT 相互作用やクラウンエーテルとアンモニウム塩の間の相互作用を利用することで（図 7.6）

7.4 ノット

　大環状化合物の場合，自分自身で絡み合うことができる．このようなインターロックト構造をもつ分子をノット（knot）とよぶ．最も単純で代表的なノットは trefoil knot（三つ葉結び，図 7.7）である．より高次のノットもあるが，数学的にはいずれもらせん構造と関連づけることができる．そのため，ノットは，らせん構造を利用して事前組織化したコンポーネントを環化することで合成することができる．

　ロタキサンやカテナンが効率的に合成できることを示した．この結果，多くの研究者がロタキサンやカテナンの研究に参入するようになり，今では，ロタキサンやカテナンを合成することはとくに珍しくはなくなっている．

　さらに，Sauvage と Stoddart はロタキサンやカテナンのコンポーネントの動きを制御すると，あたかもわれわれが普段使う機械類のように，コンポーネントが直線運動や回転運動をすることを示し，「分子マシン」という概念を確立させた．分子スケールの機械という概念は R. P. Feynman によって 1959 年に最初に提唱された．しかし，Feynman は物理学者であり（1965 年ノーベル物理学賞），具体的にどのような分子をつくったら良いのかについては提案していない．ロタキサンやカテナンを使った分子マシンはそれを具体化したものであり，分子レベルの技術であるナノテクノロジーの中核となるものと期待されている．

　第 3 章のコラム 5 で述べたように，1987 年のノーベル化学賞はクラウンエーテルを発見した Pedersen とともに，それを発展させ超分子化学の基礎を築いた Lehn と Cram に与えられている．Sauvage は Lehn の下で博士号を取得しており，Stoddart は UCLA で Cram の後任である．ロタキサンやカテナンは超分子化学の本流に位置しているのである．

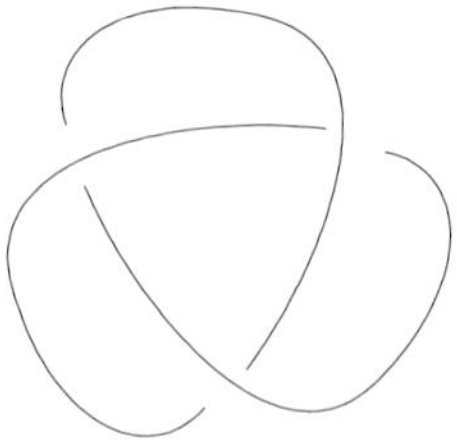

122   第 7 章　インターロック分子

図 7.7　trefoil knot
最も単純なノット.

参考文献

[1] 早下隆士・築部 浩 編著，『分子認識と超分子』，三共出版 (2007).

[2] 国武豊喜 監，『超分子 サイエンス＆テクノロジー』，NTS (2009).

[3] Lehn, J.-M. 著，竹内敬人訳，『レーン 超分子化学』，化学同人 (1997).

[4] 日本化学会 編，「超分子を目指す化学」，季刊化学総説，No.31，学会出版センター (1997).

[5] Schneider, H.-J. and Yatsimirsky, A.,"Principles and Methods in Supramolecular Chemistry", Wiley (2000).

[6] Steed, J. W. and Atwood, J. L., "Supramolecular Chemistry", Wiley (2000).

[7] 築部 浩 編著，『分子認識化学 超分子へのアプローチ』，三共出版 (1997).

[8] Vögtle, F., "Supramolecular Chemistry", Wiley (1991).

索　引

【数学・英字】

1,2-alternate ················64
1,3-alternate ················64
16 電子錯体 ················109
2,2′-ビピリジル ················98

AT 対 ················77

CH/π 相互作用 ················16
cone ················64
CT 相互作用 ················19, 120

Diels-Alder 反応 ················107
DNA ················2, 77

GC 対 ················77

H 会合体 ················21

J 会合体 ················22

Kekuré ················2

LB 膜 ················67

London 力 ················27

MOF ················111, 112

partial cone ················64

s-cis コンホメーション ················98
s-trans コンホメーション ················98

trefoil knot ················121

U 字管 ················45

van der Waals 力 ················24

【ア行】

アクセプター原子 ················13
アクセプター分子 ················19
アセタール ················112
アゾベンゼン ················43
アデニン ················77
アミジン ················80
アミノ酸 ················55
アルカリ金属イオン ················36
α-ヘリックス ················85
アロステリック効果 ················94, 97
アンモニウムイオン ················41

イオン半径 ················38
イオン輸送 ················45, 99
鋳型効果 ················46
位置選択的 ················107
イミン ················112
インターロックト構造 ················115
インターロックト分子 ················116

エステル ················112
エンタルピー–エントロピー補償則 ···51
エンタルピー変化 ················10
エントロピー変化 ················10

オレフィン ················112

【カ行】

可逆的 ················105, 112
核酸塩基 ················77
硬いイオン ················18

126　索　引

カテナン …………………………116
カプセル …………………………86
カリックスアレーン ……………63
還元主義 …………………………2
官能基化 …………………………60

機械的結合 ………………………116
気体吸蔵 …………………………111
軌道相互作用 ……………………19
凝集体 ……………………………84
共有結合 …………………………11
キレート配位子 …………………98
擬ロタキサン ……………………119

グアニン …………………………77
空軌道 ……………………………11
クラウンエーテル ………………33, 120
クリプタンド ……………………36, 51
グルコース ………………………57

結合角 ……………………………13
結合距離 …………………………13

光学活性ビナフチル環 …………43
光学分割用 HPLC カラム ………43
高次構造 …………………………16
酵素 ………………………………55
高度希釈条件 ……………………47
コバルト錯体 ……………………112
コンポーネント …………………116
コンホメーション ………………49

【サ行】

最高被占軌道 ……………………19
最低空軌道 ………………………19
細胞内小器官 ……………………69
細胞膜 ……………………………69
残基 ………………………………55

磁気異方性効果 …………………17
シクロデキストリン ……………57
シクロファン ……………………60
自己複製 …………………………90
脂質二重膜 ………………………69
四重極子 …………………………26
ジスルフィド ……………………112
事前組織化 ………………………48, 59
自然免疫系 ………………………93
実効濃度 …………………………48
シトシン …………………………77
ジフェニルメタン ………………60
遮へい効果 ………………………17
自由エネルギー変化 ……………10
重合反応 …………………………46
臭細胞 ……………………………93
集積錯体 …………………………104
修復酵素 …………………………120
受動輸送 …………………………43
情報伝達 …………………………93
情報伝達物質 ……………………93
人工疎水場 ………………………57

水素結合 …………………………13
水素結合ネットワーク …………29
水和 ………………………………36
スタック構造 ……………………21

生気論 ……………………………1
静電相互作用 ……………………18, 23
正のアロステリック効果 ………96
正八面体型集積錯体 ……………106
正方形型錯体 ……………………104
積層構造 …………………………21
セッケン …………………………66
遷移金属 …………………………98

索　引　*127*

双極子 ……………………………24
双極子相互作用 …………………24
双極子モーメント ………24, 98
相互作用 …………………………9
相補的 ……………………………90
相補的水素結合 …………………78
疎水空間 …………………………99
疎水相互作用 ……………………28
疎水場 …………………………107
疎水ポケット ………………55, 56
疎フッ素相互作用 ………………31

【夕行】

大環状化合物 ……………………46
多重極子 …………………………26
多点水素結合 ……………………82
ダブルデッカー型ポルフィリン錯体 100
多様性 ……………………………3
タンパク質 …………………55, 85
単分子膜 …………………………67

チアゾリウム塩 …………………72
秩序構造 …………………………28
チミン ……………………………77
超構造 ……………………………84
調節因子 …………………………94
超分子 ……………………………3

ディールス・アルダー反応 ………107
テトラシアノキノジメタン ………20
テトラチアフルバレン ……………20
電荷移動相互作用 ………………17
電子求引性基 ……………………17
電子供与性基 ……………………17
電子対 ……………………………11
電場 ………………………………24
デンプン …………………………57

動的共有結合 …………………112
ドナー原子 ………………………13
ドナー分子 ………………………19
トランジスタ ……………………5

【ナ行】

内孔 ………………………………38
　——のサイズ …………………57
ナノテクノロジー ……………121

二次構造 …………………………85
二重らせん ……………………2, 80
二面角 ……………………………13
尿素 ………………………………82

能動輸送 …………………………43
ノット …………………………121

【ハ行】

配位結合 …………………………11
π塩基 …………………………19
π酸 ……………………………19
π電子 …………………………16
八重極子 …………………………26
パープルベンゼン ………………40
バルビツール酸 …………………82
半導体 ……………………………5
反応場 …………………………55, 107

光異性化 …………………………43
非共有電子対 ……………………11
ビタミンB_1 ……………………72

ファンデルワールス力 …………24
フィードバック …………………96
フェナントロリン ……………117
負のアロステリック効果 ………96
フラビン …………………………72

128 索 引

分極 ·······················24
分極率 ·····················27
分子間相互作用 ···········10, 93
分子間反応 ·················47
分子協調作用 ···············94
分子システム ················2
分子集合体 ·················86
分子集積錯体 ···············112
分子内反応 ·················47
分子認識部位 ···············94
分子フラスコ ···········108, 111
分子ふるい ··············86, 111
分子マシン ·················120

ベシクル ···················69
β-シート ·················85
ヘテロ原子 ·················40
ヘテロトロピック ·············96
ペプチド結合 ···············85
ヘモグロビン ···············96
べん毛 ·····················7

ホウ酸エステル ·············112
ホモトロピック ···············94
ポリエーテル ···············50
ポリペプチド ···············85

【マ行】

ミオグロビン ···············96

ミセル ·····················66
三つ葉結び ················121
μ-酸素 ··················103

無限格子 ··················110

面不斉 ····················62

モーター ····················7

【ヤ行】

軟らかいイオン ··············18

有機化学 ····················1
有機金属構造体 ·············111
誘起双極子 ·················27

【ラ行】

ラジカルアニオン ·············20
ラジカルカチオン ·············20
ラングミュア・ブロジェット膜 ·······67

両親媒性化合物 ·············65
臨界ミセル濃度 ·············67
リン脂質 ···················69

レセプター ·················93
レゾルシノアレーン ···········63

ロタキサン ·················118
ロンドン力 ·················27

Memorandum

Memorandum

Memorandum

Memorandum

〔著者紹介〕

木原伸浩（きはら　のぶひろ）
1989年　東京大学大学院工学系研究科博士後期課程中退
現　在　神奈川大学理学部教授
　　　　博士（工学）
専　門　有機化学，高分子化学

化学の要点シリーズ　23　*Essentials in Chemistry 23*

超分子化学
Supramolecular Chemistry

2017年10月25日　初版1刷発行

著　者　木原伸浩
編　集　日本化学会　Ⓒ2017
発行者　南條光章
発行所　**共立出版株式会社**
　　　　［URL］　http://www.kyoritsu-pub.co.jp/
　　　　〒112-0006 東京都文京区小日向4-6-19　電話 03-3947-2511（代表）
　　　　振替口座　00110-2-57035

印　刷　藤原印刷
製　本　協栄製本　　　　　　　　　　　　　　　　　　printed in Japan

検印廃止　　　　　　　　　　　　　　　　　　　一般社団法人
NDC　431.1　　　　　　　　　　　　　　　　　自然科学書協会
ISBN 978-4-320-04463-0　　　　　　　　　　　　　会員

[JCOPY] ＜出版者著作権管理機構委託出版物＞
本書の無断複製は著作権法上での例外を除き禁じられています．複製される場合は，そのつど事前に，出版者著作権管理機構（ＴＥＬ：03-3513-6969，ＦＡＸ：03-3513-6979，e-mail：info@jcopy.or.jp）の許諾を得てください．

化学の要点シリーズ

日本化学会 編／全50巻刊行予定

❶酸化還元反応
佐藤一彦・北村雅人著‥‥‥‥本体1700円

❷メタセシス反応
森 美和子著‥‥‥‥‥‥‥‥本体1500円

❸グリーンケミストリー
　―社会と化学の良い関係のために―
御園生 誠著‥‥‥‥‥‥‥‥本体1700円

❹レーザーと化学
中島信昭・八ッ橋知幸著‥‥‥本体1500円

❺電子移動
伊藤 攻著‥‥‥‥‥‥‥‥‥本体1500円

❻有機金属化学
垣内史敏著‥‥‥‥‥‥‥‥‥本体1700円

❼ナノ粒子
春田正毅著‥‥‥‥‥‥‥‥‥本体1500円

❽有機系光記録材料の化学
　―色素化学と光ディスク―
前田修一著‥‥‥‥‥‥‥‥‥本体1500円

❾電 池
金村聖志著‥‥‥‥‥‥‥‥‥本体1500円

❿有機機器分析
　―構造解析の達人を目指して―
村田道雄著‥‥‥‥‥‥‥‥‥本体1500円

⓫層状化合物
高木克彦・高木慎介著‥‥‥‥本体1500円

⓬固体表面の濡れ性
　―超親水性から超撥水性まで―
中島 章著‥‥‥‥‥‥‥‥‥本体1700円

⓭化学にとっての遺伝子操作
永島賢治・嶋田敬三著‥‥‥‥本体1700円

⓮ダイヤモンド電極
栄長泰明著‥‥‥‥‥‥‥‥‥本体1700円

⓯無機化合物の構造を決める
　―X線回析の原理を理解する―
井本英夫著‥‥‥‥‥‥‥‥‥本体1900円

⓰金属界面の基礎と計測
魚崎浩平・近藤敏啓著‥‥‥‥本体1900円

⓱フラーレンの化学
赤阪 健・山田道夫・前田 優・永瀬 茂著
‥‥‥‥‥‥‥‥‥‥‥‥‥‥本体1900円

⓲基礎から学ぶケミカルバイオロジー
上村大輔・袖岡幹子・阿部孝宏・閨閣孝介
中村和彦・宮本憲二著‥‥‥‥本体1700円

⓳液 晶
　―基礎から最新の科学とディスプレイテクノロジーまで―
竹添秀男・宮地弘一著‥‥‥‥本体1700円

⓴電子スピン共鳴分光法
大庭裕範・山内清語著‥‥‥‥本体1900円

㉑エネルギー変換型光触媒
久富隆史・久保田 純・堂免一成著
‥‥‥‥‥‥‥‥‥‥‥‥‥‥本体1700円

㉒固体触媒
内藤周弌著‥‥‥‥‥‥‥‥‥本体1900円

㉓超分子化学
木原伸浩著‥‥‥‥‥2017年10月刊行予定

＝ 以下続刊 ＝

【各巻：B6判・並製・94～212頁】　**共立出版**

※税別本体価格※
（価格は変更される場合がございます）

ISBN978-4-320-04463-0
C3343 ¥1900E

9784320044630

定価(本体1,900円+税)

1923343019005

化学の要点シリーズ **23**